Bornemann, Leitungen und Leitungsnetze

Teil 1

H. Bornemann

Bau und Berechnung von Leitungen und Leitungsnetzen

Teil 1

Bau und Berechnung von Gleichstromleitungen

mit 72 Textabbildungen

TECHNISCHER VERLAG HERBERT CRAM, BERLIN W 35
1956

Printed in Germany
Satz: Walter de Gruyter & Co., Berlin W 35
Druck: Otto von Holten GmbH., Berlin W 35

Vorwort

Auf Veranlassung des Gründers des Deutschen Museums in München, *Oskar von Miller*, wurde im Jahre 1892 eine in Frankfurt am Main stattfindende internationale Gewerbeausstellung von einem 178 km davon entfernten Wasserkraftwerk in Lauffen am Neckar mit elektrischem Strom versorgt. Für diese erste elektrische Energieübertragung auf weite Entfernung wurde Drehstrom gewählt, der damals im Anfang seiner Entwicklung stand und dessen Bedeutung für die Zukunft *O. von Miller* vorausschauend erkannt hatte. Um die Energieübertragung für die Ausstellungsbesucher recht sinnfällig zu machen, wurde ein künstlicher Wasserfall auf dem Ausstellungsgelände errichtet. Dieser wurde von einer elektrisch angetriebenen Pumpe gespeist, die ihren Strom von dem weit entfernten, durch eine Wasserturbine angetriebenen elektrischen Generator erhielt. Die Übertragung der in Lauffen erzeugten elektrischen Energie nach Frankfurt erfolgte durch drei Kupferdrähte, deren Isolation an Holzmasten damals große Schwierigkeiten bereitete.

Die Möglichkeit, elektrische Energie auf verhältnismäßig dünnen Drähten auf weiteste Entfernungen wirtschaftlich und betriebssicher zu übertragen und zu verteilen, hat der Elektrotechnik die große Verbreitung gegeben, die sie heute auf der ganzen Welt besitzt. Zur Übertragung dienen die elektrischen Leitungen, die heute die Länder und Städte überspannen. Nach welchen Grundsätzen sie zu berechnen, auszuwählen und zu errichten sind, soll dieses Werk den Studierenden und Praktikern vermitteln.

Es werden im I. Teil der Bau der Leitungen, die Berechnung der Gleichstromleitungen und die Grundlagen der Berechnung elektrischer Leitungsnetze besprochen. Der II. Teil bringt die Berechnung von Leitungen und Netzen für Wechsel- und Drehstrom.

Berlin, im Januar 1956

H. Bornemann, Baurat i. R.
ehem. Dozent für Elektrotechnik
an der Staatl. Ingenieurschule Beuth, Berlin

Inhaltsverzeichnis

I. Einteilung der Leitungen

Die Leitungen lassen sich nach verschiedenen Gesichtspunkten einteilen. Nach ihrer Anordnung und ihrem Aufbau unterscheidet man:

Installationsleitungen,
Freileitungen,
Kabel.

Die Installationsleitungen bestehen aus einzelnen isolierten Leitungen, die in Rohren, als Rohrdrähte oder offen innerhalb oder außerhalb von Gebäuden verlegt werden. Für trockene oder feuchte, kalte oder heiße Räume, für jede besondere Anforderung sind im Aufbau verschiedene isolierte Leitungen entwickelt worden.

Unter Freileitungen versteht man blanke Drähte, auf Porzellanisolatoren verlegt, die an Holz- oder Stahlmasten befestigt sind. Der größte Teil aller elektrischen Übertragungsnetze besteht heute noch aus Freileitungen.

Die Kabel ähneln in ihrem Aufbau den isolierten Leitungen. Sie unterscheiden sich aber wesentlich dadurch von ihnen, daß sie mit einem nahtlosen Bleimantel umpreßt oder neuerdings an Stelle des Bleimantels mit einer Kunststoffhülle umgeben sind, wodurch in beiden Fällen das Eindringen von Feuchtigkeit verhindert wird. Die Kabel sind zur Verlegung im Erdreich, in besonderer Ausführung für Verlegung im Wasser bestimmt. Die städtischen Verteilungsnetze sind heute fast ausnahmslos als Kabelnetze ausgeführt.

Nach der Verwendungsart der Leitungen unterscheidet man:

Speiseleitungen,
Verteilungsleitungen,

je nachdem, ob diese die elektrische Energie vom Kraftwerk zu den Speisepunkten eines Versorgungsgebietes, einer Anlage übertragen oder auf die einzelnen Abnehmer verteilen. Die Speiseleitungen sind im allgemeinen nur am Ende belastet, während die Verteilungsleitungen eine mehr oder weniger große Anzahl Abnahmestellen besitzen, also in mehreren Punkten belastet sind.

Aus Gründen der Wirtschaftlichkeit und der Betriebssicherheit müssen alle Leitungen nach drei Gesichtspunkten berechnet bzw. überprüft werden:

Berechnung auf zulässigen Spannungs- oder Leistungsverlust bei allen Arten von Leitungen,
Überprüfen auf zulässige Erwärmung bei allen Arten von Leitungen,
Berechnen der mechanischen Festigkeit vor allem bei Freileitungen.

Der Berechnung des Leitungsquerschnitts auf zulässigen Spannungs- oder Leistungsverlust ist der größte Teil des Abschnitts über Leitungsberechnungen gewidmet.

Für die Überprüfung der zulässigen Erwärmung sind in den Vorschriften des *Verbandes Deutscher Elektrotechniker, VDE*, für die verschiedenen Leitungsarten Belastungstafeln aufgestellt, in denen für die einzelnen genormten Querschnitte höchstzulässige Belastungsströme angegeben sind. In den Abschnitten über die verschiedenen Leitungen werden Auszüge aus diesen Belastungstafeln wiedergegeben werden. Die für die Leitungen verwendeten Werkstoffe sind Kupfer und Aluminium. Für Freileitungen werden noch Aluminiumlegierungen und Seile aus Stahl und Aluminium verwendet, auf die an entsprechender Stelle eingegangen werden wird.

II. Bauteile und Bau von Leitungen

Bevor die Berechnung einer Leitungsanlage oder eines Leitungsnetzes begonnen werden kann, muß festgelegt werden, welche Leitungsart für die vorliegenden Verhältnisse die geeignetste ist, da die Belastbarkeiten der einzelnen Leitungen je nach Art ihres Aufbaus und ihrer Verlegung verschieden sind.

A. Installationsleitungen

1. Übersicht über die verschiedenen Arten

Soll die Leitungsanlage in Gebäuden oder außen an solchen vorgenommen werden, so kommt dafür eine der vielartigen isolierten Leitungen in Frage. In solchen Fällen handelt es sich meist um Verteilungsleitungen, die Beleuchtungskörper, Motoren, Heizgeräte mit elektrischem Strom versorgen. Bei größeren Anlagen wird man verschiedene Speisepunkte, z. B. in den einzelnen Stockwerken vorsehen, zu denen dann Speiseleitungen, hier oft Steigeleitungen genannt, führen müssen.

In der VDE-Arbeit: *Vorschriften für isolierte Leitungen in Starkstromanlagen, VDE 0250/12.55*[1]) sind eine große Anzahl verschiedenartiger Leitungen für alle vorkommenden Fälle aufgeführt. Für jede von ihnen ist die Beschaffenheit der Leiter, ihr Aufbau aus einzelnen Drähten, die Zusammensetzung und Mindestwanddicke der Hülle aus Gummi oder Kunststoffen, die Art und Wanddicke etwaiger Metallmäntel, die Füllung etwaiger Zwischenräume und vieles andere angegeben. Eine Übersicht der hauptsächlichen Leitungsarten ist in Tafel 1 aufgeführt.

---

[1]) Unter dieser Nummer sind jeweils die einzelnen VDE-Vorschriften von den Geschäftsstellen: VDE-Verlag GmbH., Wuppertal-Elberfeld, Brillerstr. 99 oder Zweigniederlassung Berlin-Charlottenburg 4, Bismarckstr. 33, zu beziehen.

Tafel 1. Isolierte Leitungen für feste Verlegung, zusammengestellt nach *VDE 0250/12.55*

1	2	3	4	5	6	7	8
Nr.	Art der Leitung	Kurzzeichen	Werkstoff	Zahl der Adern	Querschnitte mm²	Nennspannung V	Art der Verlegung
1	Gummiaderleitungen	NGA NGAB NGAF	Cu Al	1 ... 3 1 ... 3	1,5 ... 500 2,5 ... 500	1000 1000	Feste Verlegung in Rohr unter oder auf Putz in trockenen Räumen. Feste Verlegung auf Isolierkörpern über Putz. Nicht für Verlegung im Erdboden und im Putz
2	Kunststoffaderleitungen	NYA NYAB NYAF	Cu Al	1 1	1,5 ... 500 2,5 ... 500	1000 1000	Wie vorher unter Nr. 1
3	Sonder-Kunststoffaderleitungen	NSYA NSYAF	Cu Cu	1 1	1,5 ... 70 1,5 ... 25	1000 1000	Feste Verlegung in feuchten Räumen und im Freien auf Isolierkörpern; feste geschützte Verlegung in und an Werkzeugmaschinen und im Schiffbau
4	Wetterfeste Gummiaderleitungen						Feste Verlegung im Freien und in feuchten Räumen auf Isolierkörpern
		NGAW	Cu Al	1 1	1,5 ... 500 2,5 ... 500	1000	für Spannweiten bis 20 m
		NFGAW	Werkstoffeigenschaften und Drahtzahl nach *VDE 0210* und DIN 48201				für Spannweiten größer als 20 m nach *VDE 0210*

1	2	3	4	5	6	7	8
Nr.	Art der Leitung	Kurzzeichen	Werkstoff	Zahl der Adern	Querschnitte mm²	Nennspannung V	Art der Verlegung
5	Sondergummiaderleitungen	NSGA NSGAB NSGAF	Cu verz. Al Cu verz. Cu verz.	1 1 1 1	1,5 ... 300 2,5 ... 300 1,5 ... 300 1,5 ... 300	2, 3, 6, 10, 15 kV	Feste Verlegung in trockenen Räumen sowie auf Schienenfahrzeugen und O-Bussen nach *VDE 0101/V. 43, § 18*
6	Stegleitungen	NYIF NYIFY	Cu	2 ... 3	1,5 und 2,5	380	Feste Verlegung in trockenen Räumen in und unter Putz
7	Mantelleitungen	NYM	Cu	2 ... 4 5	1,5 ... 35 1,5 ... 6	500	Feste Verlegung über und auf sowie in und unter Putz in feuchten Räumen. Verlegung i. Freien zulässig, nicht im Erdboden
8	Rohrdrähte	NRAM NYRAM	Cu Al	2 ... 5 2 ... 5	1,5 ... 25 2,5 ... 25	380 380	Feste Verlegung in trockenen Räumen auf, in und unter Putz
9	Umhüllte Rohrdrähte	NRU NYRU	Cu Cu	2 ... 4 5	1,5 ... 25 1,5 ... 6	500	Feste Verlegung in feuchten Räumen über, auf und unter Putz. Verlegung im Freien zulässig, i. Erdboden unzulässig
10	Rohrdrähte für Räume mit Hochfrequenzanlagen	NHRA NHYRA	Cu Al	2 ... 4 5 2 ... 4 5	1,5 ... 25 1,5 ... 6 2,5 ... 25 2,5 ... 6	380 380	Feste Verlegung auf, in und unter Putz i. trockenen Räumen mit Hochfrequenzanlagen

1	2	3	4	5	6	7	8
Nr.	Art der Leitung	Kurz- zeichen	Werk- stoff	Zahl der Adern	Quer- schnitte mm²	Nenn- span- nung V	Art der Verlegung
11	Umhüllte Rohrdrähte für Räume mit Hoch- frequenz- anlagen	NHRU NHYRU	Cu	2 ... 4 5	1,5 ... 25 1,5 ... 6	500	Feste Verlegung in feuchten Räumen über, auf und unter Putz, mit Hochfrequenzanlagen, Verlegung in Freien zulässig, in Erdboden unzulässig
12	Bleimantel- leitungen ohne Be- wehrung mit Be- wehrung	NBU NYBU NEBU NYBEU	Cu	2 ... 4 5	1,5 ... 35 1,5 ... 6	500	Feste Verlegung in feuchten Räumen über, auf und unter Putz
13	Bleimantel- leitungen für Räume mit Hoch- frequenz- anlagen ohne Bew. mit Bew.	NHBU NHYBU NHBEU NHYBEU	Cu	2 ... 4 5	1,5 ... 35 1,5 ... 6	500	Feste Verlegung in feuchten Räumen mit Hochfrequenzanlagen über, auf und unter Putz. Verlegung im Freien zulässig, im Erdboden unzulässig
14	Kunststoff- isolierte Leucht- röhren- leitungen	NYL	Cu	1	1,5	7,5, 15 kV	Feste Verlegung in Leuchtröhrenanlagen gem. *VDE 0128/7.55*
15	Gummi- isolierte Leucht- röhren- leitungen	NLOY	Cu verz.	1	1,5 ... 4	7,5 kV	Wie vorher unter Nr. 14

1	2	3	4	5	6	7	8
Nr.	Art der Leitung	Kurz-zeichen	Werk-stoff	Zahl der Adern	Quer-schnitte mm²	Nenn-span-nung V	Art der Verlegung
16	Kunststoff-isolierte Leucht-röhren-leitungen mit Metall-mantel aus Zink Aluminium	 NYLRZY NYLRAY	Cu verz.	1	1,5	7,5, 15 kV	Wie vorher unter Nr. 14
17	Gummi-isolierte Leucht-röhren-leitungen mit Metall-mantel aus Zink Aluminium	 NLORZY NLORAY	Cu verz.	1	1,5 ... 4	7,5 kV	Wie vorher unter Nr. 14
18	Fassungs-adern runde Ausf. flache Ausf. verseilt	NFA NFA rd NFA f NFA vers	Cu verz. verz. verz. verz.	1 2 ... 3 2 2 ... 3	0,75 0,75 0,75 0,75	380 380 380 380	Feste Verlegung in und an Leuchten; nicht zulässig z. Anschluß ortsveränderlicher Verbraucher
19	Pendel-schnüre	NPL rd	Cu	2 ... 3	0,75	380	Für Schnur und Zugpendel und wie vorher unter Nr. 18
		Nach *VDE 0250/1.51* noch befristet zulässig					
20	Panzeradern	NPA	Cu Al	1 ... 4 1 ... 4	1,5 ... 300 2,5 ... 300	380 380	Feste Verlegung in trockenen Räumen auf Wänden und an maschinellen Einrichtungen; nicht unt. Putz
21	Fahrzeug-leitungen	NFB NFF NFBM NFFM	Cu	1	1,5 ... 300	2,3 kV	Für Schienen-fahrzeuge und O-Busse

Für jede einzelne Leitung ist in der genannten VDE-Vorschrift ein Kurzzeichen festgelegt, das in Spalte 3 der Tafel 1 wiedergegeben ist. In diesen Zeichen weist allgemein ein „G“ auf Gummiisolierung, ein „Y“ auf Kunststoffisolierung hin. Viele Leitungen werden entweder mit Kupfer- oder Aluminiumleitern versehen, worüber Spalte 4 Auskunft gibt. Dabei werden die Leiter ein-, mehr-, viel- oder feindrähtig ausgeführt, wobei für vieldrähtige Leitungen ein „B“, für feindrähtige ein „F“ dem Kurzzeichen angehängt wird, wie Spalte 3 es zeigt. Viele Leitungsarten führen mehrere Adern, siehe Spalte 5. Alle Leitungen werden für eine große Anzahl der genormten Querschnitte hergestellt, deren Bereich in Spalte 6 aufgeführt ist. In Spalte 7 folgen die Nennspannungen und schließlich in Spalte 8 eine kurze Übersicht über Art der Verlegung, auf die im nächsten Abschnitt noch näher eingegangen wird.

Die bisher am häufigsten verwendete Leitung ist die NGA (Normen-Gummi-Ader), Tafel 1, Nr. 1. Sie wird mit Kupfer- oder Aluminium-Querschnitten von 1,5 mm² ... 500 mm² bzw. 2,5 ... 500 mm² hergestellt. Dabei sind die kleineren Querschnitte mit eindrähtigen, die größeren mit mehrdrähtigen Leitern versehen. Wird für irgendeinen besonderen Zweck eine sehr biegsame Gummiader benötigt, so stehen dafür die NGAB mit vieldrähtigen Leitern oder die NGAF mit noch feiner unterteilten Leitern zur Verfügung. Durch Färben der Baumwollumspinnung über dem Leiter oder des gummierten Bandes über der Gummihülle in schwarz, hellgrau, rot oder blau können die einzelnen Leitungen oder die einzelnen Adern bei Mehrfach-Leitungen für die Verlegung und den Anschluß der Verbraucher unterschieden werden. Dabei soll nach den Vorschriften für den Nulleiter (Mittelleiter) die hellgraue, für Schutzleitungen die rote Ader oder Leitung verwendet werden.

Außer mit Gummiisolierung werden auch Leitungen mit Kunststoffisolierung verfertigt, die u. a. Tafel 1, Nr. 2, die Bezeichnung NYA führen. Da diese Kunststoffaderleitung eine Reihe Vorzüge z. B. sehr glatte Oberfläche, die das Einziehen in die Rohre sehr erleichtert, leuchtende Farbkennzeichnung, Wärmebeständigkeit u. a. m. besitzt, wird sie mehr und mehr anstatt der Gummiaderleitungen verwendet.

Die im letzten Jahrzehnt geschaffenen Stegleitungen, auch Flach- oder Impuleitungen genannt, sind in Tafel 1 unter Nr. 6 aufgeführt. Sie bestehen aus zwei oder drei mit Kunststoff isolierten verschieden gefärbten Adern, über die eine gemeinsame Gummihülle (NYIF) oder Kunststoffhülle (NYIFY) angeordnet ist. Diese ist zwischen den Adern zu einem Steg so ausgebildet, daß die Adern flach in einer Ebene nebeneinander mit einem Abstand von ungefähr 6 mm liegen. Sie werden nur mit Kupferleitern hergestellt. Die äußere Hülle und der Steg müssen entfernbar sein, ohne daß dadurch die Aderisolation leidet.

Einen weiteren Fortschritt für die Errichtung von elektrischen Licht- und Kraftanlagen bilden die unter Nr. 7 der Tafel 1 aufgeführten Mantelleitungen NYM. Der um die mit Kunststoff isolierten Adern angebrachte Außenmantel, der ebenfalls aus thermoplastischem Kunststoff besteht, ist sehr biegsam und erleichtert dadurch außerordentlich die Verlegung in feuchten Räumen.

In sehr verschiedener Bauweise werden Rohrdrähte Tafel 1, Nr. 8...11 hergestellt. Sie haben zum äußeren Schutz einen dünnen gefalzten Blechmantel, der aus Stahlband (Kurzzeichen ohne Zusatz), Zinkband (Zusatz „Z") oder Aluminiumband (Zusatz „A") bestehen kann. Auch die Bleimantelleitungen Nr. 12 und 13 sind Rohrdrähte, die anstatt des Blechmantels einen nahtlosen Bleimantel besitzen, sie werden auch als kabelähnliche Leitungen bezeichnet.

Für eine große Anzahl Sonderfälle wie z. B. Verlegung an Werkzeugmaschinen oder im Schiffbau, für höhere Spannungen, für Räume mit Hochfrequenzanlagen oder für Leuchtröhrenzuleitungen stehen, wie die Tafel 1, Nr. 3...5, 10, 13. 17 angibt, besonders entwickelte Leitungen zur Verfügung. Es sei noch bemerkt, daß für Leitungen mit Nennspannungen über 2 kV sowie für einige Sonderleitungen, in Tafel 1 mit Cu verz. kenntlich gemacht, die Kupferleiter verzinnt sein müssen.

Zum Anschluß von ortsveränderlichen Verbrauchern, wie Tischlampen, Heizgeräte, Elektrowerkzeuge oder Motoren werden besondere biegsame Leitungen hergestellt. Da diese in den seltensten Fällen berechnet werden, ist von der Wiedergabe einer Übersichtstafel über die sehr verschiedenen Ausführungen entsprechend den *Leitungsvorschriften VDE 0250/12.55* abgesehen worden.

Außer den in Tafel 1 aufgeführten isolierten Leitungen werden noch umhüllte Leitungen hergestellt. Während bei den ersten, wie die Bezeichnung sagt, die Leiter mit isolierender Hülle umgeben sind, haben die umhüllten Leitungen lediglich eine solche, die die Zerstörung der Leiter durch atmosphärische oder chemische Einflüsse, sog. Korrosionen, verhindert. In Tafel 2 sind die den *Vorschriften für umhüllte Leitungen, VDE 0252/IX. 40* entsprechenden Leitungen zusammengestellt. Die unter Nr. 1 und 2 aufgeführten umhüllten Leitungen dienen wie die wetterfesten Gummiaderleitungen NGAW in Tafel 1, Nr. 4, der Installation im Freien z. B. zur Verbindung der einzelnen Gebäude eines ländlichen oder industriellen Grundstücks über Höfe oder Lagerplätze hinweg, haben aber, wie schon erwähnt, keine isolierende Hülle, die die Leitungen NGAW besitzen.

Die unter Nr. 3 und 4, Tafel 2, aufgeführten Nulleiterleitungen werden für geerdete, nicht isoliert geführte Mittelleiter verwendet, wobei die unter Nr. 4 aufgeführten Leitungen mit Bleimantel für Erdverlegung bestimmt sind.

Tafel 2. Umhüllte Leitungen, zusammengestellt nach *VDE 0252/IX. 40*

1	2	3	4	5	6	7
Nr.	Art der Leitung	Kurzzeichen	Werkstoff	Zahl der Adern	Querschnitte mm^2	Art der Verlegung
1	Rote wetterfeste Leitungen	PLWC PLWB PLWA PLWAld	Cu Bronze Al Aldrey	1 1 1 1	1,5 ... 300 1,5 ... 300 2,5 ... 300 2,5 ... 300	Zur Verwendung für Freileitungen oder für Installationen im Freien
2	Schwarze wetterfeste Leitungen, gleiche Bezeichnungen, Kurzzeichen usw. wie bei den roten					
3	Nulleiterleitungen	NLC NLA	Cu Al	1 1	1 ... 120 2,5 ... 120	Nicht zur Verlegung im Erdboden
4	Nulleiterleitungen	NE NBE	Cu Cu	1 1	10 ... 100 10 ... 100	Für Erdverlegung. Mit Bleimantel für Verlegung im Erdboden
		NAE NABE	Al Al	1 1	10 ... 100 10 ... 100	Für Erdverlegung. Mit Bleimantel, für Verlegung im Erdboden

2. Verlegungsarten

Die Installationsleitungen werden entweder in Rohren oder seltener offen auf Isolierglocken oder -rollen verlegt. Die offene Verlegungsart wendet man in Ställen und sonstigen feuchten Räumen oder im Freien an. Heute werden diese Installationen jedoch meist mit Feuchtraumleitungen, Tafel 1, Nr. 7 oder 12, ausgeführt.

Bei Verlegung in Rohren unterscheidet man eine solche auf Putz oder unter Putz. In allen gewerblichen oder industriellen Anlagen sollten die elektrischen Leitungen auf Putz verlegt werden, da eine etwaige Erweiterung oder Nachprüfung leichter vorzunehmen ist. Bei Verlegung unter Putz werden die Rohre in ausgestemmte oder besser gleich beim Rohbau vorgesehene Schlitze oder Kanäle im Mauerwerk befestigt. Hierfür verwendet man entweder nichtmetallische Rohre, die aus Gummi, imprägniertem Papier oder Kunststoff bestehen können, oder Isolierrohre. Letztere bestehen aus einem Papprohr, das mit einem dünnen gefalzten Mantel aus verbleitem Stahl versehen ist. Die Abmessungen und die zu verwendenden Werkstoffe für den Aufbau dieser Rohre sind auf dem Normblatt:

DIN 49026, Installationsrohr. Isolierrohre, Muffen (Stahl verbleit)

festgelegt. Für Sonderfälle werden die Rohre auch aus Messing oder seltener aus Stahlrohr mit Aluminiumauflage hergestellt. Die einzelnen Längen werden bei den bisher genannten Rohren durch Muffen zusammengesteckt. Die Verlegung soll rechtwinklig erfolgen. Biegungen werden bei den Isolierrohren mit Einheitsbogen oder durch Einkerben mit einer besonderen Biegezange vorgenommen.

Für die Installation auf Putz stehen mehrere Rohrarten zur Verfügung. Nach den *Vorschriften für Installationsrohre und Zubehör, VDE 0605/10. 53*, müssen Rohre für Verlegung auf Putz gut lesbar und haltbar das Kennzeichen „A", die für Verlegung unter oder im Putz das Kennzeichen „B" in einem Abstand von mindestens 1 m tragen. Außer den schon erwähnten Isolierrohren werden Stahlpanzerrohre ohne Auskleidung, Peschelrohre und Stahlpanzerrohre mit Auskleidung auf Putz verlegt. Die ersteren sind gewalzte Flußstahlrohre, die entweder mit Gewinde versehen sind oder wie die Isolierrohre mit Muffen zusammengesteckt werden. Sie müssen innen und außen lackiert sein. Die Rohre mit Gewinde werden durch Muffen und Bogen wie die Wasserrohre miteinander verschraubt. Die Peschelrohre sind überlappte Stahlrohre ohne isolierende Auskleidung, innen und außen lackiert, die, wie schon erwähnt, durch Muffen zusammengesteckt werden. Diese Rohrarten werden in solchen Räumen verlegt, in denen die elektrischen Leitungen erhöhten mechanischen Beanspruchungen ausgesetzt sind. Alle diese Rohrarten werden durch geeignete Schellen an den Decken oder Wänden befestigt.

Die Stahlpanzerrohre sind innen mit einer isolierenden getränkten Papierschicht ausgekleidet. Ihre Verbindung erfolgt wie bei den Stahlrohren durch Gewinde. Sie dienen der Installation in feuchten Räumen oder von Außenleitungen an Gebäuden und werden auf Abstandschellen verlegt. Diese umständlich herzustellende und teuere Verlegungsart ist fast vollkommen durch Einbau der schon erwähnten Feuchtraumleitungen verdrängt, wobei die Mantelleitungen NYM in zunehmendem Maße bevorzugt werden.

Die verschiedenen Stahlrohre sind nach folgenden Blättern genormt:

DIN 49020, Installationsrohr. Stahlpanzerrohre, Steckrohre, Muffen
DIN 49001, Installationsrohr. (Peschelrohr) Stahlrohr (überlappt) und Muffen
DIN 49010, Installationsrohr. Stahlrohr mit Gewinde und Auskleidung. Stapa-Rohr (Stahlpanzerrohr).

Sind die vorerwähnten Rohre verlegt, so werden, nach etwaigem Austrocknen des Putzes bei Unterputzverlegung, die Leitungen mittels eines Stahlbandes eingezogen. Wieviel Leitungen eines bestimmten Querschnittes in einem Rohr verlegt werden dürfen, geben für jeden genormten Rohrdurchmesser der verschiedenen Rohrarten folgende Normblätter an:

DIN 49048, Isolierrohre mit gefalztem Metallmantel nach DIN 49026. Zuordnung der Leitungen zu den Rohrweiten

DIN 49049, Stahlpanzerrohr nach DIN 49010. Zuordnung der Leitungen zu den Rohrweiten.

Alle Drahtverbindungen dürfen nur durch Verschraubungen vorgenommen werden. Es stehen eine große Anzahl verschiedener Abzweigdosen für Auf-, Im- und Unterputzverlegung zur Verfügung je nach Art der verwendeten Rohre und des gewählten Werkstoffs der Abzweigdosen (Blech, Isolierstoff). Das gleiche gilt für die Schalter, Steckdosen und Wandbeleuchtungskörper.

Die Rohrdrähte werden nur zur Verlegung auf Putz verwendet. Da ihr Außendurchmesser bedeutend kleiner ist als der von Isolier- oder Stahlrohren, sind sie, wie schon erwähnt, besonders gut für Nachinstallationen in Wohnräumen geeignet. Auch wertvolle Kulturbauten wie Kirchen, Schlösser, Rathäuser können durch Rohrdrähte unauffällig mit elektrischen Anlagen versehen werden.

Die schon mehrfach erwähnten, mit Bleimantel versehenen kabelähnlichen Leitungen, Bleimantelleitungen nach Tafel 1, Nr. 9, sind für alle Arten von Anlagen in feuchten oder nassen Räumen bestimmt. Sie werden auf sog. Abstandschellen einige Zentimeter vor der Wand oder Decke verlegt, damit sich zwischen Wand und Leitung keine Feuchtigkeit sammeln kann. Von einigen Firmen werden sie unter besonderen Namen wie Anthygronleitung oder Guroleitung in den Handel gebracht. Auch die weiteren für feuchte Räume zugelassenen Leitungen, vor allem die Mantelleitung NYM, können auf Abstandschellen verlegt werden. In Tafel 1, Spalte 8, ist dieses angedeutet, wenn die Verlegung „über" Putz ausdrücklich angeführt ist.

Die Stegleitungen sind zur Verlegung im Putz, daher Impu-Leitungen, oder auch unter Putz in solchen Räumen bestimmt, die nach ihrer Fertigstellung ausgetrocknet sind, also z. B. in sog. Rohbauten. Sie werden mit Gips oder Stahlnadeln auf dem rohen Mauerwerk befestigt und später eingeputzt. Der Vorteil dieser Verlegungsart ist, daß keinerlei Stemmarbeiten nötig sind, daher Kosten gespart werden und das Mauerwerk geschont wird. Vor allem in den in Zukunft in großer Zahl zu errichtenden Wohnungsbauten in Leichtbauweise mit verhältnismäßig dünnen Wänden ist der Fortfall der eingestemmten Leitungskanäle sehr vorteilhaft. Nachteilig ist, daß an der einmal erstellten Anlage keine Auswechslung von Leitungen oder Nachziehen solcher möglich ist, wie das bei den in Rohr verlegten Leitungsanlagen jederzeit geschehen kann.

Auch für die Rohrdrähte, Feuchtraumleitungen und Stegleitungen sind für jede Art besonders geeignete Abzweigdosen sowie Schalter und Steckdosen aus den verschiedensten Werkstoffen: Porzellan, Isolierstoff, Blech oder Gußeisen entwickelt worden.

3. Belastungsfähigkeit von isolierten Leitungen

In den *Vorschriften nebst Ausführungsregeln für die Errichtung von Starkstromanlagen mit Betriebspannungen unter 1000 V, VDE 0100/8. 54*, sind für die isolierten Leitungen Belastungstafeln angegeben. Nach diesen sind die folgende Tafel 3 für Kupferleiter und die Tafel 4 für Aluminiumleiter zusammengestellt. Sie gelten für gummiisolierte und kunststoffisolierte Leitungen. In den Spalten 1 der beiden Tafeln sind die genormten Querschnitte aufgeführt. In den folgenden Spalten 2, 4 und 6 sind je nach Verlegungsart in drei Gruppen die höchstzulässigen Belastungsströme angegeben. Diese Werte sind so festgelegt, daß die Leitungen bei Dauerbetrieb keine gefährliche Erwärmung erleiden. Es ist eine Grenzerwärmung von ungefähr 35 ° C zugrunde gelegt. Für höhere Raumtemperaturen als 25 ° C

Tafel 3. Belastbarkeit isolierter Leitungen mit Kupferleitern, zusammengestellt nach *VDE 0100/8. 54*

1	2	3	4	5	6	7
Nenn-querschnitt	Gruppe 1		Gruppe 2		Gruppe 3	
	Zulässiger Strom	Nennstrom der Sicherung	Zulässiger Strom	Nennstrom der Sicherung	Zulässiger Strom	Nennstrom der Sicherung
mm²	A	A	A	A	A	A
0,75	—	—	13	10	16	10
1	12	6	16	10	20	15
1,5	16	10	20	15	25	20
2,5	21	15	27	20	34	25
4	27	20	36	25	45	35
6	35	25	47	35	57	50
10	48	35	65	50	78	60
16	65	50	87	60	104	80
25	88	60	115	80	137	100
35	110	80	143	100	168	125
50	140	100	178	125	210	160
70	—	—	220	160	260	200
95	—	—	265	200	310	225
120	—	—	310	225	365	260
150	—	—	355	260	415	300
185	—	—	405	300	475	350
240	—	—	480	350	560	430
300	—	—	555	430	645	500
400	—	—	—	—	770	600
500	—	—	—	—	880	700

sind in den oben erwähnten Errichtungsvorschriften in Tafel II, § 20, entsprechende Minderungen der Belastbarkeit festgelegt.

Die Leitungen sind in folgende drei Gruppen eingeteilt:

Gruppe 1: Bis zu drei Leitungen in Rohren. Rohrdrähte.

Gruppe 2: Kabelähnliche Leitungen. Panzeradern. Frei in Luft verlegte mehradrige Leitungen und mehradrige Leitungen zum Anschluß ortsveränderlicher Stromverbraucher (einschl. Leitungstrossen).

Gruppe 3: Einadrige Leitungen frei in Luft verlegt, wobei die Leitungen mit Zwischenraum von mindestens dem Leitungsdurchmesser verlegt sind. Einadrige Leitungen zum Anschluß ortsveränderlicher Verbraucher.

Für blanke Leitungen aus Kupfer bis 50 mm² oder aus Aluminium bis 70 mm² gelten die Werte der Tafeln 3 und 4, Gruppe 3. Für größere Querschnitte von Freileitungen siehe Abschnitt II. B. 3.

Bei aussetzendem oder kurzseitigem Betrieb ist eine zeitweilige Erhöhung der Werte in obigen Tafeln zulässig. Die Leitungsquerschnitte sind von Fall zu Fall zu berechnen.

Tafel 4. Belastbarkeit isolierter Leitungen mit Aluminiumleitern, zusammengestellt nach *VDE 0100/8. 54*

1	2	3	4	5	6	7
	Gruppe 1		Gruppe 2		Gruppe 3	
Nennquerschnitt mm²	Zulässiger Strom A	Nennstrom der Sicherung A	Zulässiger Strom A	Nennstrom der Sicherung A	Zulässiger Strom A	Nennstrom der Sicherung A
2,5	16	10	21	15	27	20
4	21	15	29	20	35	25
6	27	20	37	25	45	35
10	38	25	51	35	61	50
16	51	35	68	50	82	60
25	69	50	90	60	107	80
35	86	60	112	80	132	100
50	110	80	140	100	165	125
70	—	—	173	125	205	160
95	—	—	210	160	245	200
120	—	—	245	200	285	225
150	—	—	280	225	330	260
185	—	—	320	260	375	300
240	—	—	380	300	440	350
300	—	—	435	350	510	430
400	—	—	—	—	605	500
500	—	—	—	—	690	600

Welche Wichtigkeit bei der Belastung von Leitungen die Stromdichte einnimmt, soll ein kurzer Vergleich zeigen. Unter Stromdichte S versteht man den je Einheit des Querschnitts q auftretenden Strom I also:

$$S = \frac{I}{q} \left[\frac{\mathrm{A}}{\mathrm{mm}^2}\right] \qquad (1)$$

Nach Tafel 3, Spalte 2, darf ein Kupferquerschnitt von 1 mm² in Rohr verlegt, höchstens einen Strom vom 12 A führen. Das ergibt eine Stromdichte von:

$$S = \frac{I}{q} = \frac{12\,\mathrm{A}}{1\,\mathrm{mm}^2} = 12\,\frac{\mathrm{A}}{\mathrm{mm}^2}$$

Ein Querschnitt von 10 mm² darf bei gleicher Verlegungsart mit 48 A belastet werden, seine Stromdichte ist also:

$$S = \frac{48\,\mathrm{A}}{10\,\mathrm{mm}^2} = 4{,}8\,\frac{\mathrm{A}}{\mathrm{mm}^2}$$

Schließlich hat ein Querschnitt von 50 mm² bei 140 A zulässigem Belastungsstrom eine Stromdichte von:

$$S = \frac{140\,\mathrm{A}}{50\,\mathrm{mm}^2} = 2{,}8\,\frac{\mathrm{A}}{\mathrm{mm}^2}$$

Die Stromdichte und damit die zulässige Belastbarkeit wird um so ungünstiger, je größer der Querschnitt ist, weil das Verhältnis von Kreisfläche zum Kreisumfang mit zunehmendem Durchmesser kleiner wird. Vom Umfang als Leiteroberfläche hängt aber die Abkühlung ab. Da die Anordnung mehrerer Leitungen nebeneinander, im Freien oder im Rohr, ebenfalls die Abkühlung beeinflußt, sind in den Tafeln 3 und 4 die zulässigen Belastungsströme ein und desselben Querschnitts in den drei Verlegungsgruppen verschieden groß.

Eine Überschreitung des zulässigen Stromes würde eine zu hohe Erwärmung der Leitung und damit Brandgefahr für die Umgebung hervorrufen. Damit dieses nicht geschieht, müssen Stromsicherungen vorgesehen werden. Die Nennströme dieser Sicherungen sind ebenfalls in den Tafeln 3 und 4 in den Spalten 3, 5 und 7 aufgeführt.

B. Freileitungen

Am häufigsten wird die elektrische Energie auf Freileitungen übertragen und verteilt. Sowohl Niederspannungs-Ortsnetze als auch Mittel- und Hochspannungsleitungen werden als Freileitungen gebaut.

1. Bauteile der Freileitungen

a) Leiterwerkstoffe

Als Werkstoffe für die Freileitungen werden Kupfer, Bronze, Aluminium, Aldrey und Stahlaluminium verwendet.

Kupfer als eindrähtige Leitungen von 10 und 16 mm² Querschnitt und Seile ab 10 mm² Querschnitt,

Bronze als Seile für einzelne sehr weite Spannfelder, die besonders hohen mechanischen Beanspruchungen ausgesetzt sind, wie z. B. Tal- oder Fluß-Überspannungen,

Aluminium nur als Seile ab 16 mm² Querschnitt,

Aldrey ist eine Aluminiumlegierung bestehend aus 0,5% Mg, 0,5% Si, 0,3% Fe und 98,7% Al. In Deutschland werden Aldreyseile seltener, im Ausland häufiger angewendet,

Stahlaluminiumseile bestehen aus einem Stahlseil, um das Aludrähte verseilt sind, wobei das Stahlseil die mechanischen Beanspruchungen übernimmt. Im allgemeinen wird das vom VDE festgelegte Verhältnis Stahl zu Aluminium von 1 : 6 verwendet, in einzelnen Fällen bei besonders hoher mechanischer Beanspruchung auch Leiterseil mit den Verhältnissen 1 : 3 oder 1 : 4. Die Bezeichnung der Stahlaluminiumseile (Staluseile) gibt den Nennquerschnitt des Aluminiummantels und den des Stahlkerns an. Bei Querschnittsberechnungen wird ganz allgemein nur der des Aluminiumteils zugrunde gelegt. Staluseile werden vorwiegend für Hochspannungsleitungen verlegt.

Für den Aufbau der Seile, Anzahl der einzelnen Drähte und ihre Durchmesser sind folgende Normblätter maßgebend:

DIN 48200, Leitungsdrähte und Drähte für Leitungsseile zu DIN 48201 und 48204. Kupfer, Aluminium, Aldrey, Bronze, Stahl

DIN 48201, Drähte und Seile

DIN 48204, Stahl-Aluminiumseile

Durch die Verseilung wird der tatsächliche Querschnitt etwas anders als der Nennquerschnitt. In nachfolgender Tafel 5 sind für Kupfer-, Aluminium- und Aldrey-Seile, in Tafel 6 für Stahlaluminium-Seile die tatsächlichen Querschnitte und die sich daraus ergebenden Seildurchmesser zusammengestellt, die für die Berechnung der Induktivität und Kapazität der Leitungen erforderlich sind, siehe Teil 2. Weiter sind in den Tafeln die nach den Normblättern DIN 48200, 48201 und 48204 sich ergebenden Widerstände in Ohm je km $\left[\frac{\Omega}{km}\right]$ und mittleren Gewichte in kg je km $\left[\frac{kg}{km}\right]$ aufgeführt.

Tafel 5. Querschnitte, Widerstände und Gewichte von Leiterseilen aus Kupfer, Aluminium und Aldrey, zusammengestellt nach *DIN 48200 und 48201*

1	2	3	4	5	6	7	8
Querschnitt		Seildurchmesser	Widerstand R 20° C			Mittleres Gewicht G	
Nennwert q	Sollwert q	d	Cu	Al	Aldrey	Cu	Al Aldrey
mm²	mm²	mm	Ω/km			kg/km	
10	10,0	4,1	1,79	—	—	92	—
16	15,9	5,1	1,13	1,8	2,1	146	44
25	24,2	6,3	0,74	1,19	1,37	222	68
35	34,4	7,5	0,53	0,84	0,97	315	96
50	49,5	9,0	0,36	0,59	0,67	448	136
70	65,8	10,5	0,27	0,44	0,51	605	184
95	93,2	12,5	0,19	0,31	0,36	856	260
120	117,0	14,0	0,15	0,25	0,28	1075	326
150	147,0	15,8	0,12	0,19	0,23	1352	410
185	182,0	17,5	0,098	0,16	0,18	1669	506
240	243,0	20,3	0,074	0,12	0,14	2225	676
300	299,0	22,5	0,059	0,097	0,11	2752	835

b) Isolatoren

Die Isolatoren gehören zu den wichtigsten Teilen einer Freileitung, da von ihnen im hohen Maß die Betriebssicherheit des ganzen Leitungsnetzes abhängt. Sie sind hohen mechanischen und gleichzeitig hohen elektrischen Beanspruchungen ausgesetzt. Die Werkstoffe, aus denen Isolatoren hergestellt werden, sind Porzellan, Steatit und Glas. Die Eigenart dieser Stoffe ist, daß sie bei hohem elektrischem Isoliervermögen im allgemeinen Druckbeanspruchungen viel besser gewachsen sind als Zug- und Biegebeanspruchungen. Freileitungsisolatoren sind aber starken Zugbeanspruchungen ausgesetzt. Durch sorgfältigste Auswahl der Grundstoffe, sehr gewissenhafte Herstellung und geeignete Formgebung der Isolatoren ist es gelungen, Isolatoren zu schaffen, die allen geforderten Beanspruchungen, mechanischen und elektrischen, gewachsen sind. Auf dem Normblatt:

DIN 40685, Keramische Isolierstoffe für die Elektrotechnik

sind für die verschiedenen keramischen Stoffe, eingeteilt in bestimmte Typengruppen, alle wichtigen technischen Größen aufgeführt. Für Freileitungsisolatoren kommen danach in Frage:

Hartporzellan, Typ 110, tonsubstanzhaltige Masse mit den kennzeichnenden Eigenschaften: mechanisch gut, elektrisch gut, thermisch brauchbar. Es läßt sich für schwierige Formgebung verwenden.

Tafel 6. Querschnitte, Widerstände und Gewichte von Leiterseilen aus Stahl-Aluminium, zusammengestellt nach *DIN 48200 und 48204*

1	2	3	4	5	6	7
Querschnitt Nennwert q mm²	Querschnitt Sollwert Al mm²	Gesamtwert q mm²	Seildurchmesser d mm	Widerstand 20° C Al R Ω/km	Mittl. Gew. G kg/km	Querschnittsverhältnis Al/St
16/25	15,3	17,8	5,4	1,88	61,8	6
25/4	23,8	27,8	6,8	1,20	96,6	6
35/6	34,3	40,0	8,1	0,84	139,1	6
50/8	48,3	56,3	9,6	0,60	195,5	6
70/12	66,2	77,8	11,6	0,44	274,5	5,7
95/15	90,0	105,0	13,4	0,32	368,0	6
120/21	122,6	143,5	15,7	0,23	505,0	5,8
150/25	148,9	174,3	17,3	0,19	614,0	5,8
185/32	183,3	215,5	19,2	0,16	760,0	5,8
210/36	209,1	244,9	20,5	0,14	864,0	5,8
240/40	236 0	276,1	21,7	0,12	971,0	5,9
300/50	294,9	344,4	24,2	0,10	1208,0	6
125/29	124,6	153,7	16,1	0,23	576,0	4,3
170/40	171,8	211,9	18,9	0,17	794,0	4,3
210/50	212,1	261,6	21,0	0,14	980,0	4,3
310/100	305,0	405,2	26,6	0,09	1668,0	3
340/110	341,2	451,8	28,1	0,08	1864,0	3

Steatit, Typ 220, Talk-Speckstein (Magnesium-Silikat) enthaltende Masse mit den kennzeichnenden Eigenschaften mechanisch sehr fest: die elektrischen sind denen des Hartporzellans gleichwertig [1]. Schwierigere Formen lassen sich nicht so günstig herstellen wie aus Hartporzellan.

Glas ist als Isolierwerkstoff nicht genormt. Durch geeignete Vergütungsverfahren ist es gelungen, diesem Werkstoff seine Sprödigkeit zu nehmen und ihn für hohe Zugbeanspruchungen geeignet zu machen. Glasisolatoren sind nach den

Regel für probeweise Verwendung von Glasisolatoren für Starkstromfreileitungen mit Nennspannungen unter 1 kV, VDE 0449/1. 53

in Deutschland zugelassen, werden aber nur selten verwendet, im Ausland dagegen häufiger auch für höhere Spannungen als 1 kV.

Niederspannungsleitungen z. B. Ortsnetze und Leitungen mit Spannungen unter 1 kV werden auf Stützenisolatoren verlegt, die aus Porzellan und Glas hergestellt werden. In Abb. 1 ist nach

DIN 48150, Stützenisolatoren, Nennspannung unter 1 kV

ein Stützenisolator, halb im Schnitt, halb in der Ansicht, dem Normblatt entsprechend, abgebildet.

Um bei Anschlußarbeiten in Freileitungsnetzen Verwechslungen mit dem Nulleiter zu vermeiden, wird ein besonderer Isolator für diesen hergestellt, der am Kopf noch eine zusätzliche Rille trägt.

Für Mittelspannungsnetze bis 35 kV werden Stützenisolatoren nach

DIN 48004, Stützenisolatoren VHD, Nennspannungen 0,5...35 kV

verwendet. Sie werden nur aus Porzellan hergestellt. In Abb. 2 ist ein solcher Isolator gezeigt, der für eine Reihenspannung von 20 kV bestimmt ist und eine dauernd zulässige Betriebsspannung zwischen zwei Leitern von 23 kV (Tafel 7) aushält.

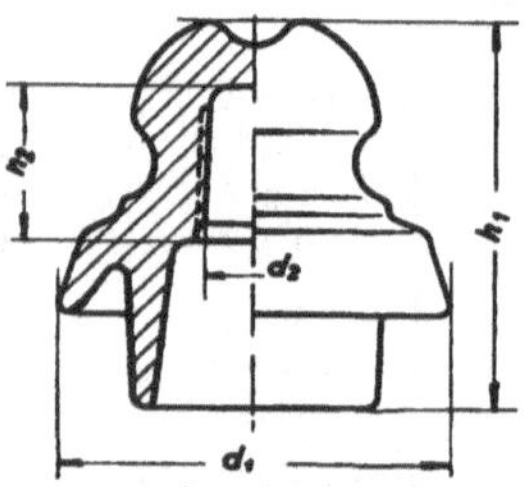

$h_1 = 85$ mm
$h_2 = 31$ mm
$d_1 = 80$ mm
$d_2 = 21$ mm

Abb. 1
Stützenisolator N 80 DIN 48150
Nennspannung bis 1 kV

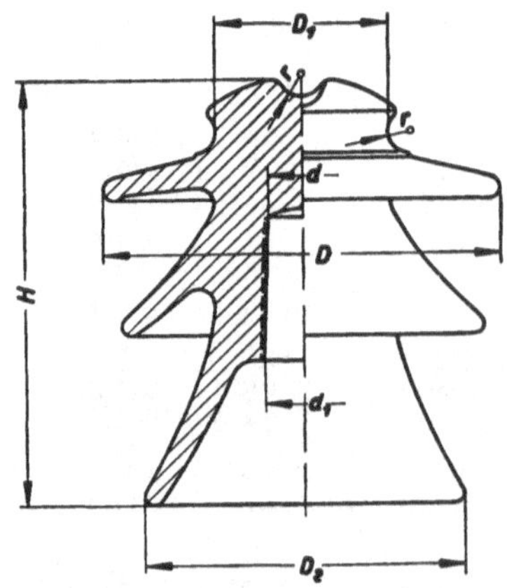

$H = 185$ mm $D = 175$ mm
$D_1 = 85$ mm $D_2 = 145$ mm
$d = 31$ mm $d_1 = 35$ mm
$r = 12{,}5$ mm

Abb. 2
Stützenisolator VHD 20 DIN 48004
für eine Reihenspannung von 20 kV

Bei den Stützenisolatoren werden die Leiterseile am Kopf desselben durch Bindedraht oder Seilbügel starr befestigt. Diese Anordnung läßt nur verhältnismäßig kleine Spannweiten von 60 bis 70 m zu. Durch einen neu geschaffenen Mittelbundisolator wird dieser Nachteil vermieden. In Abb. 3a ist ein Mittelbundisolator der Type VHD in der Ansicht, in Abb. 3b als Zeichnung gezeigt. Der Kopf ist gegenüber dem genormten Stützenisolator verstärkt und mit einer tiefen Kopfrille zur Aufnahme des Leitungsseils sowie einer Bohrung versehen. Auf die Befestigung des Seiles durch diese Bohrung wird noch im Absatz über Armaturen (s. Abs. II. B. 1. d) eingegangen werden. Außer der in Abb. 3 gezeigten Type sind noch zwei weitere durchschlagssichere entwickelt worden.

Diese Isolatoren sind vorerst noch nicht genormt.

Für höhere Spannungen, in manchen Fällen schon von 15 kV an, verwendet man ausschließlich Kettenisolatoren, die auch als Hängeisolatoren bezeichnet werden. Bei diesen werden je nach Höhe der Spannung eine bestimmte Anzahl gleicher Isolierkörper aneinander gehängt. Jedes einzelne Glied ist für eine bestimmte Reihenspannung entwickelt. Diese Anordnung hat große Vorteile. Bei Durchschlag eines Gliedes braucht nur dieses, nicht der ganze Isolator ausgewechselt werden. Die mechanische Beanspruchung von Isolatoren und Masten wird dadurch günstiger, daß

a)

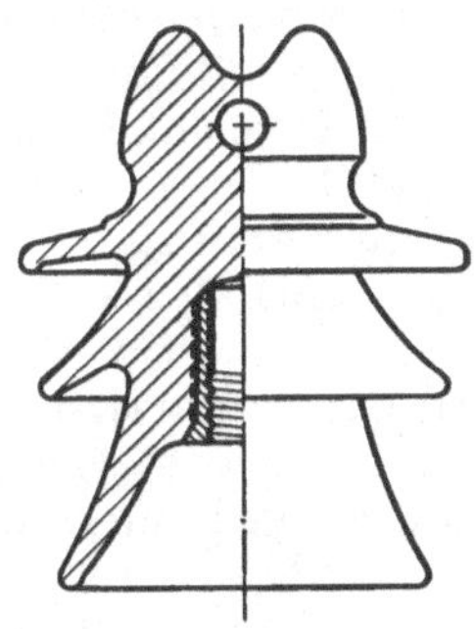

b)

Abb. 3
Mittelbundisolator VHD-MK für Reihenspannungen von 10 ... 35 kV

sich die Kette, dem jeweiligen Zug der Leiterseile entsprechend, einstellen kann, was z. B. bei Leitungsbruch eine erhebliche Entlastung des Mastes ergibt. Die Befestigung des Leiterseils am Kettenisolator ist nicht starr wie beim Stützenisolator, so daß er etwaigen Seilschwingungen nachgeben kann.

Die Kettenisolatoren werden in drei verschiedenen Bauformen verwendet:

Kappenisolator	Bezeichnung K
Vollkernisolator	Bezeichnung VK
Langstabisolator	Bezeichnung L

Neuerdings faßt man die beiden letzten Typen zu dem Sammelbegriff Vollkernisolatoren zusammen und bezeichnet den Langstabisolator VKL. Die Normblätter darüber sind noch nicht erschienen.

Diese Aufstellung gibt gleichzeitig die Reihenfolge der Entwicklung an.

Die Kappenisolatoren K werden aus Porzellan und Glas hergestellt. Für die Porzellanisolatoren gilt das Normblatt:

DIN 48007, Kappenisolatoren K

Außer dieser genormten Type werden noch kleinere und größere Kappenisolatoren hergestellt. In Abb. 4 ist ein Kappenisolator K 3 für eine Reihenspannung von 15 kV wiedergegeben, er muß nach Tafel 7 einer Prüfspannung von 53 kV gewachsen sein. Wie aus Abb. 5 ersichtlich ist, trägt der Porzellan- oder Glaskörper oben eine Metallklappe, unten einen Klöppel, der in die Klöppelpfanne der Kappe des folgenden Isolatortellers paßt und in ihm durch einen Splint oder eine Feder gegen Herausfallen gesichert ist. Die Kappen und Klöppel aus verzinktem Temperguß sind durch Eingießen von Spezialmassen am Porzellan- oder Glaskörper so befestigt, daß die Zugbeanspruchung gleichmäßig auf ihn übertragen wird. Bei der Klöppelbefestigung wird dieses durch Einlegen von Kugeln, siehe Abb. 4, oder Federringen gut erreicht. Der Nachteil der Kappenisolatoren ist der, daß der verhältnismäßig kleine Porzellan- oder Glasquerschnitt zwischen Kappe und Klöppel gleichzeitig hohen elektrischen und mechanischen Beanspruchungen ausgesetzt ist und die Gefahr des Durchschlags dieser Stelle, also die Zerstörung des Isolators, besteht. Aus diesem Grund werden die Kappenisolatoren in Deutschland nur noch wenig verwendet, und dort, wo sie eingebaut sind, durch die folgenden Isolatortypen ausgewechselt. Im Ausland werden sie noch häufig angewendet.

Der Vollkernisolator VK vermeidet die erwähnten Nachteile des Kappenisolators dadurch, daß, wie Abb. 5 eines Vollkernisolators VK 75 für eine Reihenspannung von 30 kV zeigt, zwischen der Kappe oben und der unten ein kräftiger Strunk aus Isolierstoff, Porzellan oder Steatit besteht, der jeden Durchschlag praktisch ausschließt. Genormt sind diese Isolatoren nach:

DIN 48009, Vollkernisolatoren VK

Die Baulänge ist größer als die der Kappenisolatoren, so daß für eine bestimmte Betriebsspannung weniger Glieder gebraucht werden, die ganze Kette daher weniger Metall enthält. Eine noch weitere Entwicklung ist der Langstabisolator L. Nach dem Normblatt:

DIN 48012, Langstabisolatoren L

ist je nach Höhe der Reihenspannungen von 20 kV bis 110 kV die Länge der Isolatoren zwischen 405 mm mit 5 Schirmen und 1305 mm mit 14 Schirmen abgestuft. Der Langstabisolator besitzt bis Reihenspannungen von

110 kV nur je eine Kappe oben und unten, wie in Abb. 6 eines Langstabisolators L 75/9 für eine Reihenspannung von 60 kV zu sehen ist. Einen Langstabisolator L 75/14 für eine Nennspannung von 110 kV mit

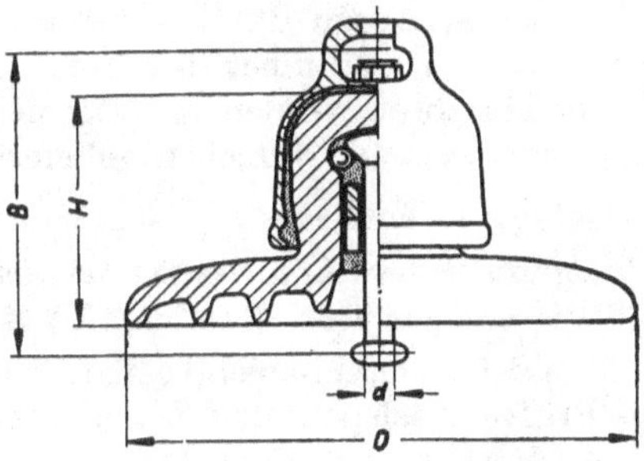

$B = 170$ mm $H = 120$ mm
$D = 280$ mm $d = 16$ mm

Abb. 4. Kappenisolator K 3 DIN 48007 für eine Reihenspannung von 15 kV

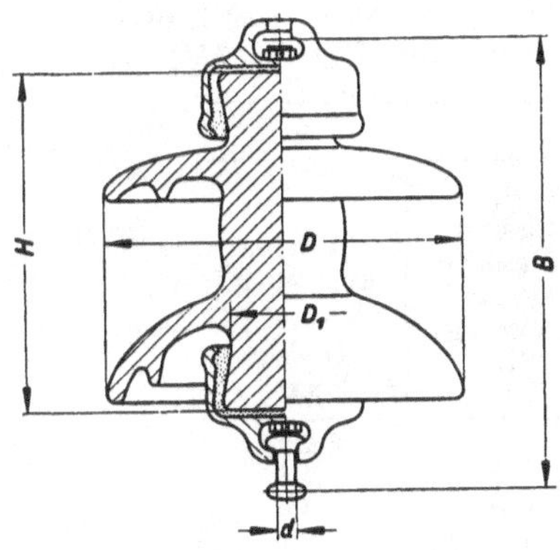

$B = 340$ mm $H = 250$ mm
$D = 250$ mm $D_1 = 75$ mm
$d = 16$ mm

Abb. 5. Vollkernisolator VK 75 DIN 48009 für eine Reihenspannung von 30 kV

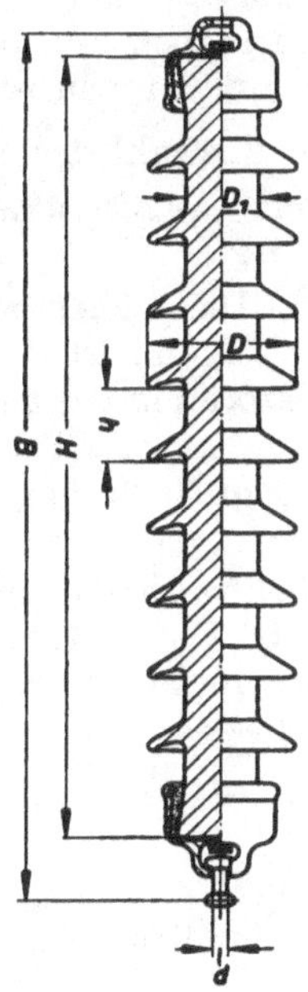

$B = 895$ mm
$H = 810$ mm
$h = 75$ mm
$D = 150$ mm
$D_1 = 75$ mm
$d = 16$ mm

Abb. 6
Langstabisolator L 75/9 DIN 48012 für eine Reihenspannung von 60 kV

14 Schirmen zeigt Abb. 22. Er wird aus Porzellan und Steatit hergestellt. Gerade der letzte Werkstoff ist wegen seiner hohen Festigkeit gut dafür geeignet, vor allem für Leitungen im Hochgebirge. Zu der völligen Durchschlagssicherheit der Langstabisolatoren kommt als weiterer Vorteil ihr geringes Gewicht. Es wiegt z. B. ein Langstabisolator L 75/14 nur etwa

die Hälfte einer elektrisch gleichwertigen siebengliedrigen Kette von Kappenisolatoren K 3; der Eisenbedarf ist sogar nur ungefähr $^1/_6$ des der Kette. Die Erfahrungen mit den Langstabisolatoren sind so gute, daß in zunehmendem Maße die Leitungen der großen Energieübertragungen mit diesen entweder neu ausgerüstet oder Kappenisolatoren durch sie ersetzt werden. Langstab- und Vollkernisolatoren werden als „nicht durchschlagbare“ Isolatortypen bezeichnet. Alle Kettenisolatoren werden im allgemeinen fertig mit Kappen und Klöppel bzw. mit Kappen versehen geliefert.

Für die Auswahl der Bautype von Isolatoren sind die

Leitsätze für die Bemessung und Prüfung der Isolation elektrischer Anlagen für Wechselspannungen von 1 kV und darüber, VDE 0111/8. 53

maßgebend. Die früher gebräuchliche Mindest-Regenüberschlagspannung *(VDE 0111/XI. 41)* ist darin durch die Prüfwechselspannung U_p ersetzt, die die Isolatoren in trockenem und in künstlich beregnetem Zustand, *§ 16f*, aushalten müssen. In Tafel 7 ist ein Auszug aus Tafel 1 dieser Leitsätze wiedergegeben. Nach dieser Tafel ist z. B. der in Abb. 22 dargestellte Lang-

Tafel 7. Prüfwechselspannung für Freileitungen mit Reihenspannungen von 1 kV und darüber bei nicht starr geerdetem Sternpunkt (normale Isolation), zusammengestellt nach *VDE 0111/8. 53*

1	2	3	4
Reihe	Reihen-spannung U_r kV	Höchste dauernd zulässige Betriebs-spannung U_b' kV	Prüfwechsel-spannung U_p kV
1	1	1,15	10
3	3	3,5	27
6	6	7	33
10	10	11,5	42
15	15	17,5	53
20	20	23	64
30[1])	30	35	86
45[2])	45	52	119
60	60	70	152
110	110	125	262
150	150	170	350
220	220	250	505

[1]) Auch für bestehende Anlagen mit 35 kV Nennspannung vorläufig zugelassen.
[2]) Auch für bestehende Anlagen mit 50 kV Nennspannung vorläufig zugelassen.

stabisolator L 75/14 für eine Reihenspannung von 110 kV für eine Leitung mit einer dauernd höchstzulässigen Betriebsspannung zwischen 2 Leitern bei nicht starr geerdetem Sternpunkt, wie die 110-kV-Netze ausgeführt werden, von 125 kV ausreichend. Er muß dabei einer Prüfspannung von 262 kV gewachsen sein. Für den Nachweis des Isoliervermögens gegen Gewitterüberspannungen sind fernerhin in den oben angeführten Leitsätzen die Höhen der für die Prüfung erforderlichen Stoßspannungen und die Art und Reihenfolge der Prüfungen genau festgelegt. Auch für Leitungen mit Spannungen von 110 kV bis 380 kV mit starr geerdetem Sternpunkt, wie sie in Zukunft in größerem Maße zu erwarten sind, geben die Leitsätze die erforderlichen Prüfungen an.

Beim Entwerfen von Freileitungsisolatoren ist es wichtig, die Form so zu gestalten, daß die Überschlagspannung $U_ü$, d. h. diejenige Spannung, bei der durch die umgebende Luft vom Leiterseil zur Isolatorbefestigung (Erde) ein Überschlag stattfindet, stets geringer sein muß als die Durchschlagspannung U_d, bei der durch den Isolierstoff hindurch ein Durchschlag und damit eine Zerstörung des Isolators stattfindet.

c) Maste

Allgemeine Anordnung

Die Isolatoren zum Aufhängen der Leitungen werden an Masten befestigt. Man verwendet

Holzmaste,
Stahlmaste (Gitter- oder Rohrmaste),
Betonmaste.

Von welcher wirtschaftlichen Wichtigkeit die richtige Wahl der Maste ist, geht daraus hervor, daß z. B. in einem größeren Mittelspannungsnetz mehrere hunderttausend Maste eingebaut sind, deren Wert fast so groß ist wie der des gesamten Kraftwerks mit allem Zubehör [2].

Nach Art des Einbaus unterscheidet man:

Tragmasten, die für keinen einseitigen Zug berechnet sind, lediglich das Gewicht der Leitungen tragen;

Abspannmasten, die so berechnet sind, daß sie bei Leitungsbruch auch einseitigen Zug voll aushalten können;

Winkelmasten, die den durch die Winkelführung der Leitung hervorgerufenen seitlichen Zug aushalten müssen;

Endmasten, die wie die Abspannmasten auf vollen einseitigen Zug berechnet sein müssen;

Abzweigmasten, meist Abspannmasten, die bei Abzweigen den verschiedenen seitlichen Beanspruchungen gewachsen sein müssen.

Da die Tragmasten keinem seitlichen Zug gewachsen sind, würde bei Leitungsbruch eine Leitungsstrecke, etwa wie in Abb. 7 angedeutet, aussehen. Um Festigkeit zu gewährleisten, schreiben die *Vorschriften für den Bau von Starkstrom-Freileitungen, VDE 0210/7. 55, § 18,* vor, daß bei nicht auf Verdrehung berechneten Tragmasten mindestens alle 3 km, bei auf Verdrehung berechneten Masten mindestens alle 5 km ein Abspannmast gesetzt werden muß. In Gegenden, wo besonders hohe zusätzliche Lasten durch Rauhreif, Schnee oder Eisbehang zu erwarten sind, muß jeder zehnte Mast ein Abspannmast sein.

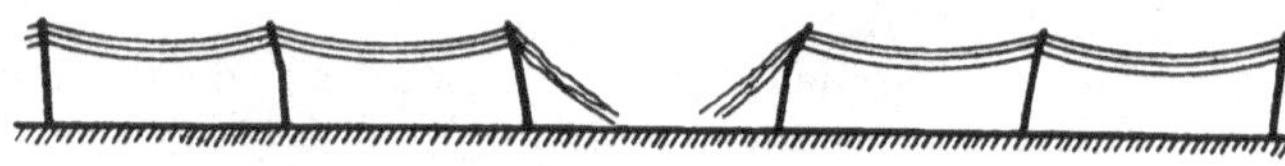

Abb. 7. Leitungsstrecke bei Leitungsbruch

Nach den gleichen Vorschriften müssen die Leitungen bei größtem Durchhang, der entweder bei +40° C oder —5° C und Zusatzlast auftritt, mindestens 6 m, bei Wegkreuzungen mindestens 7 m vom Erdboden entfernt sein. Bei Spannungen über 110 kV sind diese Abstände vom Erdboden um den Betrag:

$$h' = \frac{U_N - 110}{150} \tag{2}$$

zu vergrößern, wobei wieder für U_N die Drehstrom-Nennspannung in kV einzusetzen ist und sich der Zuschlag in m ergibt.

Beispiel 1

Welchen Mindestabstand müssen die Leiterseile einer 150-kV-Leitung bei einer Wegkreuzung vom Erdboden haben?

Lösung:

Nach Gl. (2) ist die Höhe über dem Erdboden

$$h = 7 + h' = 7 + \frac{U_N - 110}{150} = 7 + \frac{150 - 110}{150} = 7 + 0{,}27$$

$$h = \underline{\underline{7.27 \text{ m}}}$$

Auch der Abstand der unter Spannung stehenden Leiterseile voneinander ist in der erwähnten *Freileitungsvorschrift § 9* festgelegt. Bei Leitungen aus gleichem Werkstoff mit gleichem Querschnitt und gleichem Durchhang muß in Gegenden mit normalen Witterungsverhältnissen der Mindestabstand a der Leiterseile voneinander nach folgender Gleichung berechnet werden:

$$a = k\sqrt{f + l_k} + \frac{U_n}{150} \tag{3}$$

Darin bedeuten:

k ein Faktor, der vom Ausschwingwinkel der Leitung im Wind abhängig ist und der Tafel 8, Spalte 5 und 6 zu entnehmen ist;

f den Durchhang bei $+40^0$ C in m;

l_k die Länge der Isolatorenkette einschl. der senkrecht zur Leitungsrichtung beweglichen Kettenverlängerungen in m (siehe dazu Abschnitt II. B. 1. d über Armaturen). Bei Stützenisolatoren und Abspannketten ist $l_k = 0$ zu setzen;

U_n Nennspannung in kV.

In Tafel 8 sind für die verschiedenen Leiter-Nennquerschnitte aus Kupfer, Aluminium und Stahlaluminium die Ausschwingwinkel und die zugehörigen Faktoren k, einmal für Leiteranordnungen übereinander, Spalte 5, und das andere Mal für Leiteranordnung in gleicher Höhe, nebeneinander, Spalte 6, angegeben.

Beispiel 2:

Welchen Mindestabstand müssen die Stalu-Seile mit einem Querschnitt von 300/50 mm² einer 110-kV-Leitung gegeneinander haben, wenn die Seile übereinander an Isolatorenketten von 1,5 m Länge aufgehängt sind und einen Durchhang von 13 m besitzen?

Lösung:

Nach Tafel 8, Spalte 5, hat ein Stalu-Seil mit einem Nennquerschnitt von 300/50 mm² einen Faktor $k = 0{,}75$. Nach Gl. (3) ist dann der Abstand:

$$a = k \sqrt{f + l_k} + \frac{U_n}{150} = 0{,}75 \sqrt{13 + 1{,}5} + \frac{110}{150}$$

$$= 0{,}75 \sqrt{14{,}5} + 0{,}733 = 2{,}858 + 0{,}733 = 3{,}591$$

$$\underline{\underline{a = 3{,}6 \text{ m}}}$$

Der Mindestabstand müßte 3,6 m betragen.

Für die selteneren Fälle von Leitungen anderen Werkstoffs als die in Tafel 8 aufgeführten, für Leitungen verschiedenen Querschnitts, verschiedenen Werkstoffs oder bei verschiedenen Durchhängen sind in den *Leitungsvorschriften VDE 0210, § 9a* und *b*, besondere Angaben gemacht.

Der Abstand der unter Spannung stehenden Leitungen von geerdeten Bauteilen, z. B. von einem Stahlmast, ist nach *§ 9c* durch folgende Gleichungen festgelegt:

bei ruhender Leitung

für Nennspannungen unter 110 kV

$$a_e = 0{,}1 + \frac{U_n}{150} \tag{4}$$

(kleiner als 0,2 m darf dieser Abstand auf keinen Fall sein) für Nennspannungen von 110 kV und darüber

$$a_e = \frac{U_n}{125} \tag{5}$$

bei Ablenkung der Leitung durch Wind

$$a_e = \frac{U_n}{150} \tag{6}$$

Tafel 8. Ausschwingwinkel und Faktor *k*, zusammengestellt nach *VDE 0210/7. 55*

	1	2	3	4	5	6
Nr.	Nennquerschnitt Kupfer Bronze Stahl mm²	Aluminium und seine Legierungen mm²	Stahlaluminium nach DIN 48204 mm²	Ausschwingwinkel der Leitungen bei Wind Grad	Leitungen übereinander beliebig angeordnet Faktor *k*	Leitungen nebeneinand. i. gleich. Höhe angeordnet Faktor *k*
1	10 16*)	25 35 50 70 95 120*) 150*)	16/2,5 25/4 35/6 50/8 70/12	über 65°	0,95	0,7
2	25 35*)	> 150	95/15 120/21 150/25*) 125/29*)	über 55° bis 65°	0,85	0,65
3	50 70 95*)	— — —	170/40 185/32 210/36 210/50 240/40 300/50	über 40°	0,75	0,62
4	> 95	—	310/100 340/110	40° und darunter	0,70	0,60

*) Bei Nennspannungen bis 30 kV und Höhen der Leitungen bis 15 m über Gelände können für die in Spalte 1, 2 und 3 mit Stern gekennzeichneten Querschnitte die Werte für den Faktor *k* entsprechend der jeweils darunter folgenden waagerechten Spalten 2, 3 oder 4 zugrunde gelegt werden.

Bei Anordnung der Leitungen im gleichseitigen Dreieck entsprechend den Abb. 9a oder 9b können darüber hinaus folgende Werte für den Faktor *k* eingesetzt werden:

Nennquerschnitt waagerechte Spalte	1	2	3	4
Faktor *k*	0,75	0,70	0,65	0,62

Mit Hilfe dieser verschiedenen Abstände ergibt sich die Anordnung der Leiter am Mast, das sog. Mastkopfbild. Die weitaus meisten Freileitungen sind Drehstromleitungen, bestehen also bei Hochspannungsleitungen aus drei Leitern. Aus Gründen, die bei der Berechnung der Induktivitäten von Leitungen angegeben werden (s. Teil 2), sollen die drei Leiter möglichst an den Ecken eines gleichseitigen Dreiecks aufgehängt werden. Sehr häufig zwingen aber andere Gründe, davon abzuweichen. Für Drehstrom-Einfachleitungen sind die Mastkopfbilder der Abb. 8 üblich.

Die Anordnungen nach Abb. 8a und 8b sind für Mittelspannungsleitungen mit Stützenisolatoren gebräuchlich. Es befinden sich bei 8b zwei Leiterseile übereinander, was nur bei kleinen Mastabständen in Gegenden ratsam ist, in denen keine Rauhreifgefahr besteht, da bei großen Spannweiten beim Abfallen etwaiger Eislasten die Gefahr des Zusammenschlagens

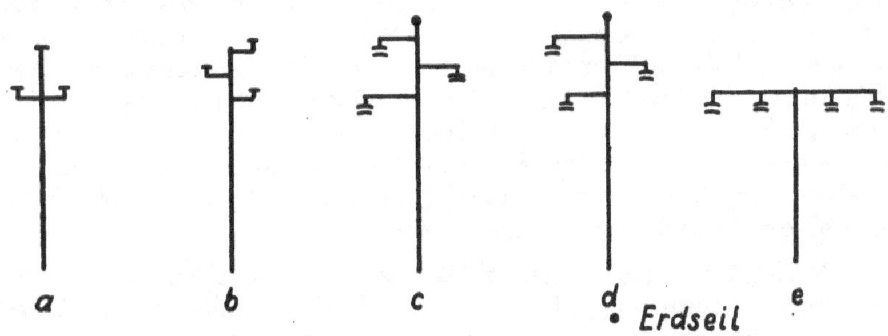

Abb. 8. Mastkopfbilder für Drehstrom-Einfachleitungen

beider Leiterseile beim Hochschnellen gegeben ist. Dadurch würde ein Kurzschluß herbeigeführt. Dieses vermeiden die anderen Anordnungen. Reißt bei Anordnung 8c das obere Leiterseil, so wird der Mast auf Drehung und Biegung beansprucht. Bei Anordnung 8d ist bei Leiterbruch an gleicher Stelle die gleiche Biegungsbeanspruchung vorhanden, aber die Beanspruchung auf Verdrehung ist wegen des längeren Hebelarms der oberen Isolatorentraverse größer. Die Masten der Ausführung 8c können demnach schwächer ausgeführt werden. Dagegen ist das Aufbringen der Leiterseile, das Auswechseln beschädigter Isolatoren bei 8d einfacher als bei 8c. Anordnung 8e wird in letzter Zeit bevorzugt, da die Masten niedriger sein können als die der anderen Anordnungen. Die vierte Leitung wird als Reservestrang oder auch als Erdseil benutzt.

Um die Leiterseile einer Hochspannungsleitung vor unmittelbaren Blitzeinschlägen zu schützen, ordnet man über oder neben ihnen ein, zwei oder drei Erdseile an, die auch als Blitzseile bezeichnet werden. Diese bestehen aus verzinkten Stahlseilen, die gut leitend mit den Masten zu verbinden sind. Für Messung des Ausbreitungswiderstandes des Erders muß die Verbindung mit dem Mast lösbar sein (s. S. 39). Bei der am häufigsten angewandten Verlegung von einem Erdseil hat die Erfahrung ergeben, daß die günstigste Schutzwirkung erreicht wird, wenn das Verhältnis des senkrechten Abstandes s des Erdseils von der oberen Leitertraverse zu dem waagerechten Abstand w des oberen Leiters von der Mastachse, also $\frac{s}{w}$ größer als 1,4, am günstigsten $\frac{s}{w} = 1{,}5$ ist [3]. Diese Abstände sind in der Abbildung 9a eingezeichnet. Die richtige Anordnung mehrerer Erdseile, mit denen Blitzeinschläge in die Seile nahezu vollkommen vermieden werden können, wird häufig durch Modellversuche bestimmt oder erfahrungsgemäß festgelegt [4], [5].

Der zweite Vorteil des Erdseils ist die gut leitende Verbindung aller Masten und damit die Herabsetzung des Ausbreitungswiderstandes der Erder der gesamten Leitungsstrecke. Dadurch wird verhindert, daß bei einem unmittelbaren Blitzeinschlag in einen Mast, dieser allein den gesamten Blitzstrom, der zwischen 10 bis 60 kA betragen kann — in sehr seltenen Fällen auch mehr, bis zu 100 kA —, zur Erde ableiten muß. Im Mittel rechnet man nach den *Freileitungsvorschriften § 33b, 2.1* mit einem Scheitelwert des Blitzstroms von 30 kA. Durch das Erdseil wird der Blitzstrom auf die benachbarten Maste verteilt.

Durch Blitzeinschlag in einem Mast können zwischen diesem und der Leitung Stoßspannungen auftreten, die sich als Wanderwellen ausbreiten. Um eine gewisse Sicherheit zu haben, daß die Isolatoren diesen Stoßspannungen standhalten, sind in den *Prüfungsvorschriften VDE 0111* verschiedene Prüfungen mit Stoßspannungen genau vorgeschriebener Kurvenform festgelegt. In den Tafeln 3 und 4 dieser Vorschrift sind die Höhe der Stehstoßspannungen, d. h. die Stoßspannung, die die Isolatoren gerade noch aushalten müssen, angegeben. Durch die sich auf den Leitungen ausbreitenden Wanderwellen können an den vom Einschlagmast rückwärtigen Masten Überschläge hervorgerufen werden, sogenannte „rückwärtige Überschläge“ [6]. Um diese zu vermeiden, soll der Ausbreitungswiderstand der Masterdung nach den *Vorschriften für Wechselstromanlagen für Nennspannungen von 1 kV und darüber, VDE 0141/7. 55, § 29,* folgender Annäherungsformel entsprechen:

$$R_A = \frac{U_{st}}{I_{st}} \tag{7}$$

Darin bedeuten:

R_A den Ausbreitungswiderstand der Masterdung in Ω,

U_{st} die Stehstoßspannung der Freileitungsisolatoren in kV,

I_{st} den Scheitelwert des Blitzstromes in kA.

Beispiel 3:

Wie groß muß der Ausbreitungswiderstand der Masterdung einer 110-kV-Leitung sein, deren Isolatoren für eine Stehstoßspannung von 630 kV ausgelegt sind und der Blitzstrom 30 kA beträgt?

Lösung:

Nach Gl. (7) ist:

$$R_A = \frac{U_{st}}{I_{st}} = \frac{630 \text{ kV}}{30 \text{ kA}} = \underline{\underline{21{,}0 \ \Omega}}$$

Nach den oben erwähnten Erdungsvorschriften würde dieser Wert mit einem Erder aus feuerverzinktem Stahlband $30 \times 3{,}5$ mm von etwa 10 m Länge, das in 0,5...1 m Tiefe in Lehm-, Ton- oder Ackerboden geradlinig verlaufend zu verlegen wäre. In der Praxis werden die Stahlbänder strahlenförmig angeordnet. Alle Erdungsanlagen sind laufend durch Messungen zu überwachen.

Zur besseren Ausnutzung der Masten und Gestänge werden Hochspannungs-Drehstromleitungen meist als Doppelleitungen gebaut, d. h. anstatt drei Seile deren sechs verlegt, z. B. anstatt drei Seile zu je 240 mm² deren sechs zu je 120 mm². Für Doppelleitungen sind die Anordnungen nach Abb. 9 gebräuchlich, wobei für alle entweder ein, wie in Abb. 9a und 9d abgedeutet, oder zwei Erdseile wie bei den übrigen verlegt werden.

Für die Mastkopfbilder nach Abb. 9a und 9b gelten die gleichen Überlegungen wie für die Abb. 8c und 8d der Einfachleitungen. Abb. 9c wird als Tannenbaumanordnung, Abb. 9d als umgekehrte Tannenbaumanordnung bezeichnet. Für die Beurteilung beider Anordnungen gilt das gleiche wie für Abb. 9a und 9b der Doppelleitungen. Die Masten müssen für die Tannenbaumanordnungen höher ausgeführt werden, aber ihre Ausleger haben nicht so große Längen wie die der Abb. 9a und 9b. Anordnung 9e gestattet geringere Auslagen der Querträger. Dadurch werden die Drehbeanspruchungen geringer als die der bisher gezeigten Masten. Den in jüngster Zeit ausgeführten oder geplanten Leitungen sind für 110 kV die Mastbilder nach Abb. 8c oder 9a, für 220 oder 380 kV fast ausschließlich nach 9a, seltener nach 9f zugrunde gelegt.

Für Überspannungen von Ortschaften mit Starkstromfreileitungen, für die Kreuzungen von Postleitungen aller Art, von Straßen, Eisenbahnen, Wasserstraßen, Autobahnen und Seilbahnen ist in den *Freileitungsvorschriften § 32...35* erhöhte Sicherheit verlangt. Bei Stützenisolatoren muß dazu auf gerader Strecke die Leitung entweder an je zwei Isolatoren gleicher Größe wie auf der ganzen Linie oder an einem Isolator gleicher Größe mit einem Sicherheitsbügel aufgehängt werden. Dieser muß aus dem gleichen Werkstoff wie die Leiter selbst bestehen und vor und hinter dem Isolator zugfest mit dem Seil verbunden sein. Er verhindert bei Bruch des Isolators ein Herabfallen der Leitung. In Winkelpunkten darf nur die erste Anordnung mit zwei Isolatoren ausgeführt werden. Bei Isolatorenketten werden zwei oder mehr Ketten nebeneinander an geeigneten Traversen aufgehängt, worüber später eingegangen werden wird (s. S. 37).

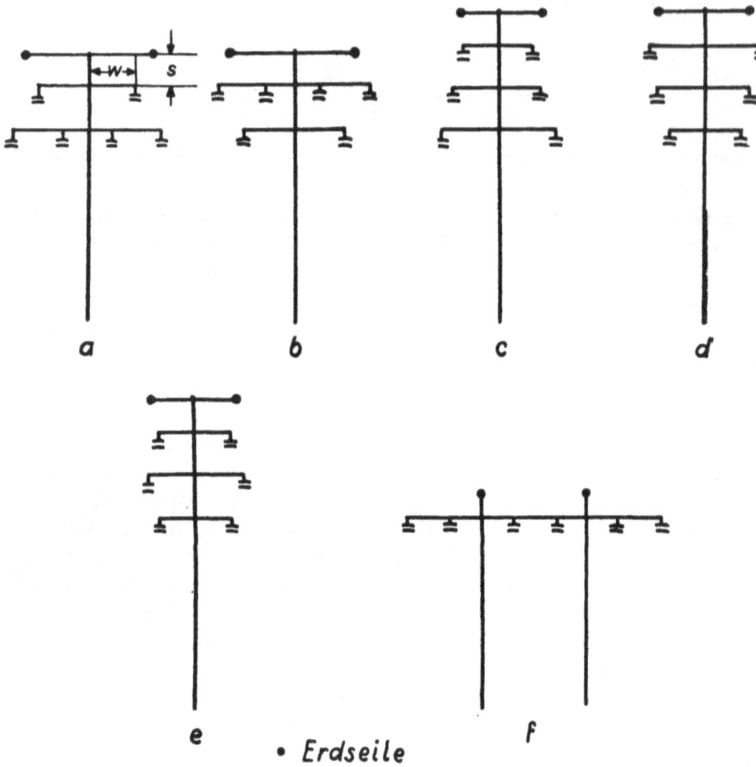

Abb. 9. Mastkopfbilder für Drehstrom-Doppelleitungen

Holzmaste

Nieder- und Mittelspannungsleitungen bis 30 kV, im Ausland auch Höchstspannungen, werden auf Holzmasten verlegt. Dazu verwendet man gerade gewachsene Stangen (Kiefern oder Fichten), die zur längeren Haltbarmachung und gegen Käferfraß imprägniert werden müssen. Holzmaste werden nach ihrer Gesamtlänge und dem Fußdurchmesser, d. h. dem Durchmesser in 1,5 m Entfernung vom Mastende nach

DIN 48350, Holzmaste

bezeichnet, beispielsweise „Holzmast 11 × 22 DIN 48350 Ki", ein Kiefernmast von 11 m Länge und 22 cm Fußdurchmesser. In dem obigen

Normblatt sind für jeden Mast der zulässige Zug an der Mastspitze aufgeführt. Sie sollen nach *§ 27b der Freileitungsvorschriften* auf mindestens $^1/_6$ ihrer Länge im Erdboden eingegraben werden, jedoch nicht weniger als 1,6 m. Als Tragmasten verwendet man Einfachmasten. Für Winkelmasten sind bei kleinen Leitungswinkeln Doppelmasten üblich, das sind zwei dicht nebeneinander stehende, fest miteinander verschraubte oder verdübelte Masten. Bei etwas größeren Leitungswinkeln können Streben an Einfachmasten eingebaut werden. Für noch größere Leitungswinkel, für

Abb. 10. Hochspannungsleitung 20 kV mit Holzmasten und Mittelbundisolatoren im Weitspannsystem

Abspann-, Verzweigungs- und Endmasten werden sog. A-Masten verwendet. Ein solcher Mast besteht aus zwei in A-Form zusammengebauten Stangen, die am Kopf verschraubt, am Fuß in der Erde und auf halber Höhe durch Streben fest miteinander verbunden sind. Unter Umständen werden in Holzmastleitungen auch Stahlmasten als Winkel- oder Abspannmasten eingebaut. Zur Montage können Holzmaste leicht und sicher mit besonderen Steigeisen bestiegen werden. Mit entsprechenden Isolatoren (s. Abb. 3 und Abb. 16) können mit Holzmasten Leitungen im Weitspannsystem bis zu 130 m Spannweite gebaut werden. Abb. 10 zeigt eine Leitung im Weitspannsystem. Der hohe wirtschaftliche Wert, der in Holzmasten festgelegt ist — nach

Schätzungen bei den deutschen Elektrizitätswerken ungefähr 4 Millionen Maste [2] —, erfordern dringend eine pflegliche Überwachung. Vor allem die gefährdetste Stelle am Erdaustritt muß durch periodische Behandlung mit Pasten, Bandagen und Anstrich geschützt werden, um dadurch ein höheres Lebensalter der Maste zu erzielen.

Bei Verlegung von Erdseilen auf Holzmasten sollen die Isolatorenstützen in der Regel nicht mit dem Erdseil verbunden sein. Nach Möglichkeit soll jeder Mast geerdet werden.

Stahlmaste

Freileitungen mit Betriebsspannungen über 20 kV werden in Deutschland auf Stahlmasten verlegt. Am häufigsten wird der Gittermast aus Stahl-

a) b)

Abb. 11. Gitter-Abspannmast für 110-kV-Doppelleitung mit 1 Erdseil
a) In Leitungsrichtung gesehen b) Quer zur Leitungsrichtung gesehen

profilen normaler Festigkeit, aus Stahl St 37.12, verwendet. Abb. 11 zeigt einen solchen als Abspannmast für eine Betriebsspannung von 110 kV.

Für sehr große Spannweiten baut man, um größere Standfestigkeit zu erreichen, die Gittermasten mit auseinandergespreizten Füßen.

Das Bestreben bei gleicher Festigkeit das Gewicht und damit die Kosten der Maste zu verringern, hat zur Schaffung der Rohrgittermasten geführt. An Stelle der Stahlprofile werden Stahlrohre verwendet. Weil sich die ersten Rohrmaste durch Ansammlung von Feuchtigkeit im Innern der Rohre nicht bewährt haben, werden sie neuerdings mit Beton ausgefüllt. Besonders günstige Eigenschaften werden dem Rohrmast, Bauart Siemens, zugesprochen, bei dem die Rohre nicht voll mit Beton gefüllt sind, sondern

Abb. 12. Rohrmast mit Schleuderbeton, Bauart Siemens, für 220 kV

mit einer verhältnismäßig dünnen Betonschicht im Innern auf geeigneter Vorrichtung ausgeschleudert werden. Alle Rohrmaste haben gegenüber den Gittermasten ein leichteres gefälligeres Aussehen, da sie in weiteren Abständen ausgefacht sind. Der Vergleich der Abb. 12 eines Versuchsmastes aus Stahlrohr mit Schleuderbeton, Bauart Siemens, für 220 kV mit der Abb. 11 eines Gittermastes zeigt diesen Unterschied.

Wichtig, da sie hohe Kosten erfordert, ist die Gründung der Maste. In der Regel werden sie in Betonfundamente eingesetzt. Bei Masten für Höchstspannungen mit gespreizten Füßen erhält jeder Eckstiel sein eigenes Fundament, wozu häufig fertige sog. Einsatzfundamente aus Beton verwendet

Abb. 13. Aluminium-Mast für eine 300-kV-Leitung, Kitimat (Kanada)

werden. Durch vor der Aufstellung an den einzelnen Maststellen vorgenommene Probebohrungen und Untersuchung des Erdreichs können bei der Ausführung erhebliche Ersparungen gemacht werden. Um Beton zu sparen, werden auch Schwellenfundamente verwendet, bei denen der Mast auf einem eingegrabenen Holzschwellenrost oder Stahlschienenrost steht. Fäulnis des Holzes und Korrosion der Stahlteile gefährden nach längerer Betriebszeit die Standfestigkeit der Masten.

In Übersee sind in sehr unwirtlichen, gebirgigen Gegenden Maste aus Aluminiumrohr aufgestellt worden, deren leichteres Gewicht überhaupt erst in dem schwierigen Gelände einen Antransport ermöglichte. Abb. 13 zeigt den hohlen Aluminiummast einer Hochspannungsleitung, die in Kanada eines der größten Aluminiumwerke der Welt mit elektrischer Energie versorgt.

Zur pfleglichen Behandlung aller Stahlmasten gehört vollständiger Anstrich in gewissen Zeitabständen, was erhebliche Kosten beansprucht. Bei den Aluminiummasten fällt diese Notwendigkeit fort, ein weiterer Vorteil für ihre Aufstellung im Hochgebirge.

Betonmaste

Die dritte Mastbauart verwendet Stahlbeton. Bei den Spannbetonmasten werden ovale oder runde Stahldrahteinlagen während der Herstellung mechanisch vorgespannt. Dann wird die hochwertige Betonmischung unter Rüttelbewegung eingebracht. Die Vorspannung wird nach ein- oder zweitägigem Abbinden fortgenommen. Die Schleuderbetonmaste, ebenfalls mit Stahldrahteinlagen, werden nach Einbringen der Betonmischung in Formen auf drehbankähnlicher Vorrichtung in ihrer ganzen Länge geschleudert. Sie werden häufig auf fertigen Betonplatten aufgestellt. Mit beiden Bauarten sind gute Erfahrungen gemacht worden, die Herstellungskosten beider Arten sind etwa gleich. In Abb. 14 ist ein Schleuderbetonmast für eine 60-kV-Doppelleitung gezeigt. Ein Vorteil der Betonmaste ist, daß sie keinerlei Schutzanstrich benötigen. Das Besteigen ist schwieriger. Es geschieht mit leichten Aluminiumleitern, die in vorgesehene Öffnungen eingehängt werden.

Für die Festigkeitsberechnung aller drei Mastarten sind in den Freileitungsvorschriften genaue Angaben gemacht. Sie wird meist von besonders ausgebildeten Statikern vorgenommen. Für die Masten, die Kreuzungsfelder zu tragen haben, sind die Vorschriften der betreffenden Behörden (s. S. 46) zu beachten.

d) Armaturen

Ganz allgemein sollen unter Armaturen alle die Metallteile verstanden werden, die beim Freileitungsbau zur Befestigung der Isolatoren am Mast, zur Befestigung der Leitungen am Isolator und zur Verbindung der einzelnen Leiterseillängen dienen. Dazu kommen noch Schutzarmaturen.

Teile zur Befestigung der Isolatoren am Mast

Stützenisolatoren werden entweder auf gebogenen oder senkrechten Stahlstützen am Mast befestigt. Die gebogenen Stützen haben am waagerechten Ende Holzgewinde, mit dem sie in den Mast geschraubt werden, an dem senkrechten Ende sind sie aufgerauht. Die senkrechten Stützen (s. Abb. 10) haben unten Stahlgewinde, oben sind sie ebenfalls aufgerauht. Sie dienen der Befestigung an Stahltraversen, die an den Masten aller drei Bauarten verschraubt werden. Die Stützenisolatoren werden mit Hanf fest auf die aufgerauhten Enden aufgedreht, „aufgehanft".

Abb. 14. Tragmast aus Schleuderbeton für 60-kV-Doppelleitung mit zwei Erdseilen

Kettenisolatoren werden an den (s. S. 20) erwähnten Kappen mittels Klöppel und Aufhängeöse an den Querträgern der Masten aufgehängt. In Abb. 22 eines Langstabisolators ist oben gut diese Öse zu erkennen. Müssen für erhöhte Sicherheit (s. S. 29) zwei oder mehr Ketten nebeneinander aufgehängt werden, so sieht man unten einen Abstandhalter aus verzinktem Stahl vor. In Abb. 15 ist der Zusammenbau einer Doppelkette mit Kappenisolatoren skizziert. Bei drei oder vier Ketten nebeneinander, wie sie für Hochspannungsleitungen einzubauen sind, verwendet man drei Abstandhalter. Die Abb. 23 zeigt eine solche Vierfach-Abspannkette. Reißt eine der beiden je an einem Abstandhalter befestigten Ketten, so klappt dieser soweit herum, daß die drei übrigen Ketten je $^1/_3$ der Seillast aufnehmen, was eine kleinere Verlängerung, also eine ganz geringe Zunahme des Durchgangs zur Folge hat. Bei drei Ketten ist die Anordnung ganz ähnlich.

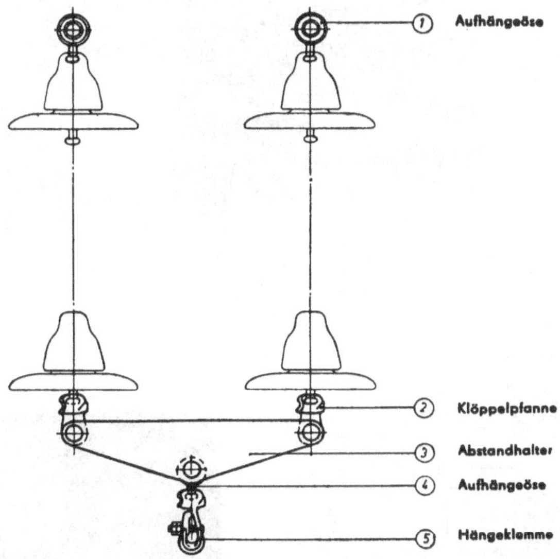

Abb. 15. Doppel-Abspannkette aus Kappenisolatoren

Teile zur Befestigung der Leiter am Isolator

Zur Befestigung am Stützenisolator werden die Drähte oder Seile mit einem Metallband aus gleichem Werkstoff wie die Leiter auf kurze Länge umwickelt und diese Stelle dann in der Halsrinne des Isolators mittels eines sog. Bundes aus Bindedraht oder mit Isolatorbügel starr befestigt. Für Weitspannsysteme, wie sie im Abs. S. 18 und S. 31 erwähnt wurden, reicht diese Befestigung nicht mehr aus. Es ist dafür der Mittelbundisolator (Abb. 3) geschaffen. Bei diesem wird, wie es Abb. 16 erkennen läßt, das Leiterseil ebenfalls mit Schutzband in die Kopfrille gelegt und durch ein Halteseil, das durch die untere Öffnung gezogen wird, mittels Klemmen befestigt. Bei Leiterbruch gestatten diese Rutschklemmen ein Durchgleiten des Leiterseils, wodurch hohe Verdrehungsbeanspruchungen auf den Mast vermieden werden.

Bei Kettenisolatoren stehen eine große Anzahl verschiedener Klemmen für die Seilbefestigung zur Verfügung. Bei Tragmasten liegt das Seil in einer Tragmulde, die aus feuerverzinktem Temperguß, Bronze oder einer Aluminiumlegierung besteht, je nach dem Werkstoff der verwendeten Leiter-

Abb. 16. Befestigung des Leiterseils an einem K-Mittelbundisolator Type VHD 20 MK auf senkrechter Stütze

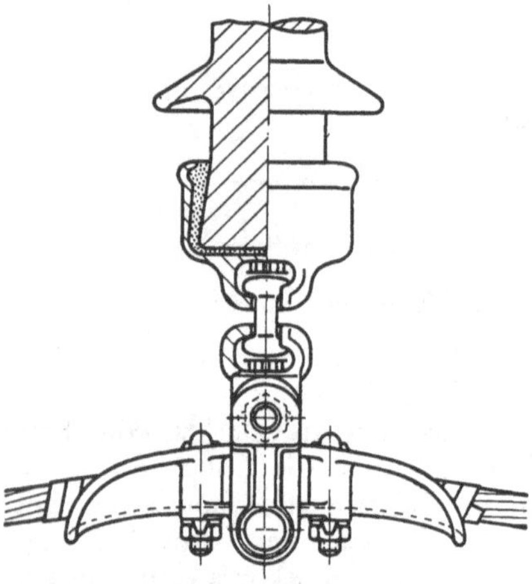

Abb. 17. Hängeklemme an einem Langstabilisator aufgehängt

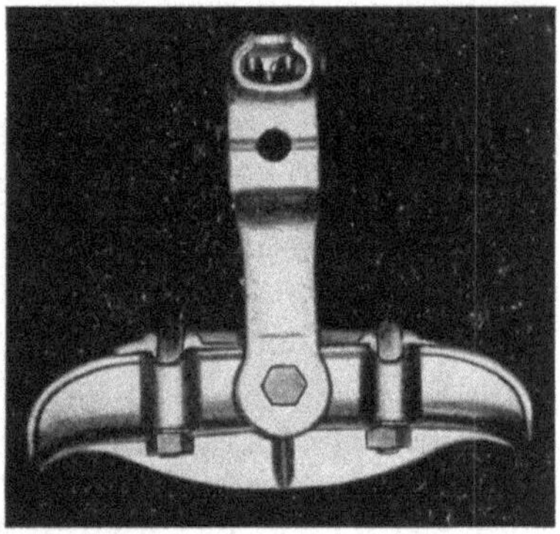

Abb. 18. Pendelnde Hängeklemme

seile. Ein langgestreckter Klemmdeckel wird durch kräftige Schrauben auf das zum Schutz mit einem Wickelband aus gleichem Metall versehene Leiterseil gepreßt. Die Hängeklemme ist oben mit einer Klöppelpfanne versehen und wird durch einen Doppelklöppel in die Pfanne des unteren Isolators eingehängt. Alle die vorerwähnten Teile sind in der Zeichnung einer Hängeklemme Abb. 17 gut erkennbar. Durch seitliche Winde werden in den Leiterseilen vertikale Schwingungen erzeugt. Diese können dazu führen, daß an der Einspannstelle, also an den Hängeklemmen, die einzelnen Drähte der Seile brechen, wodurch allmählich das ganze Seil zerstört wird. Um diese Beanspruchung zu verhindern, werden heute fast ausschließlich pendelnde Hängeklemmen verwendet, bei denen die Tragmulde in der Befestigung auf einen Bolzen gelagert ist und dadurch den Seilschwingungen weitgehendst folgen kann. In Abb. 17 ist unten in der Mitte der Bolzen zu sehen, um den sich die Mulde bewegen kann. Eine andere Ausführung einer pendelnden Hängeklemme zeigt Abb. 18.

Andere Forderungen werden an die Seilklemmen von Abspannmasten gestellt. Während die Hängeklemmen nur das Gewicht der Leitungen zu tragen haben, müssen die Abspannklemmen den vollen Leitungszug vom Leiterseil auf dem Abspannmast übertragen. Alle Bauarten bilden einen stumpfen Winkel, dessen Scheitelpunkt in der letzten Klöppelpfanne der Isolatorenkette eingehängt ist. Das Seil ist in beiden Schenkeln befestigt, der eine liegt im Seilzug, aus dem anderen hängt das Seil frei nach unten und bildet eine zugfreie Schlaufe zur Abspannklemme auf der anderen Seite des Abspann- oder Verdrillungsmastes. Die Befestigung der Seile kann in der Klemme durch Keile oder Konus erfolgen. In Abb. 19a ist die Ansicht einer Keil-Abspannklemme, in Abb. 19b die Zeichnung, halb im Schnitt, halb in der Ansicht, einer Konus-Abspannklemme wiedergegeben. Auch bei den Abspannklemmen wird wieder teilweise Schutzumwicklung mit Metallband (Abb. 19b) vorgesehen.

Abspannungen werden auch, allerdings seltener, mittels Rollen oder Kauschen vorgenommen. Bei diesen wird das Leiterseil entweder um die Rolle oder um die Kausche herumgelegt und diese Schlaufe mit Verbindungsklemmen (s. S. 41) geschlossen. Rollen oder Kausche werden in die Klöppelpfanne des Abspannisolators eingehängt.

Für die Befestigung des Erdseils am Mast stehen besondere Klemmen zur Verfügung. Da zum Messen des Erdausbreitungswiderstandes die leitende Verbindung zwischen Mast und Erdseil getrennt werden muß, werden Klemmen mit Isolationsschicht zwischen Mast und Klemme gebaut.

Klemmen und Verbinder

Vielgestaltig sind die Ausführungsarten von Klemmen und Verbindern. Von allen Klemmen wird verlangt, daß ihr Druck auf die Leiter so groß ist, daß geringster Übergangswiderstand auftritt. Dabei dürfen die Leiter aber nicht verformt werden. Außerdem müssen die Klemmen unbedingt korrosionsfest sein.

In Niederspannungs-Ortsnetzen werden Abzweig- und Endbundklemmen benötigt. Je nach dem Werkstoff der Leitungen bestehen die

Klemmen aus Kupfer mit Bronzeschrauben (meist aus Kuprodur, einer Bronze aus Cu-Ni-Si) oder aus vergütetem Aluminium mit verzinkten chromatisierten Stahlschrauben. In Abb. 20a ist eine Abzweigklemme wiedergegeben, die für den Hauptleiter einen Querschnitt von 95 mm², für

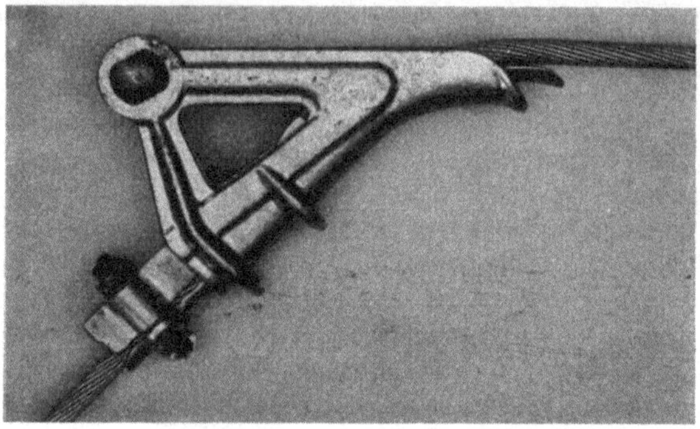

a) Keil-Abspannklemme

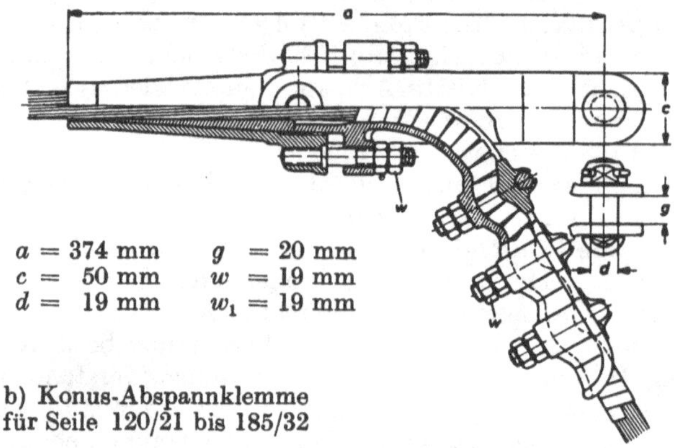

b) Konus-Abspannklemme für Seile 120/21 bis 185/32

Abb. 19. Abspannklemmen

den Abzweig einen solchen von 10 mm² zuläßt. Die Endbundklemmen zum Abspannen der Leitungen sind in gleicher Weise je nach dem verwendeten Leiterseil aus verschiedenen Werkstoffen ausgeführt. Abb. 20b zeigt einen Endbund mit einer Endbundklemme. Müssen Aluminium- und Kupferleitungen miteinander verbunden werden, so sind dafür Abzweig- und Endbundklemmen entwickelt worden, die sicher jede Korrosion zwischen den verschiedenen Metallen vermeiden.

Die Verbinder für die Seile im Spannfeld von Hochspannungsleitungen müssen besten Kontaktdruck und volle mechanische Zugfestigkeit gewährleisten. Die Bauarten sind verschieden. Die Kerbverbinder bestehen aus einer ovalen nahtlosen Metallhülse aus Kupfer, Aluminium oder Stahl, in die beide zu verbindenden Leiterseile eingeführt und mittels einer besonderen Kerbzange an vorgezeichneter Stelle eingekerbt werden, wie Abb. 21 b es zeigt. Bei den Niet- und Schraubverbindern ist die Metallhülse ausgebaucht, so daß zwischen die beiden zu verbindenden Leiterseile ein Niet oder eine Schraube durchgesteckt

a) Abzweigklemme 10—95

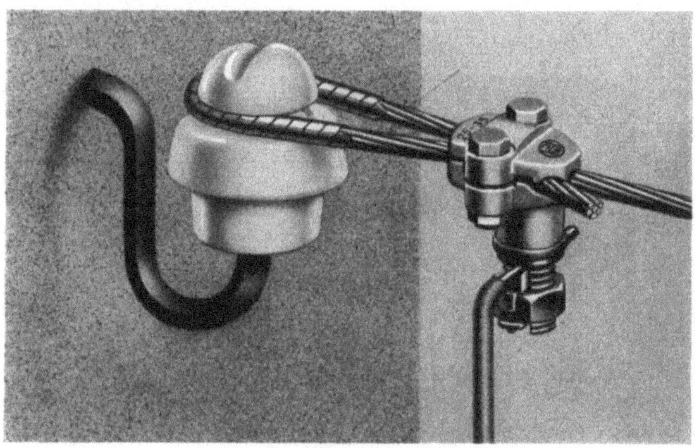

b) Endbundklemme 25—35

Abb. 20. Abzweig- und Endbundklemme

werden kann. Je nach dem Seilquerschnitt werden sie mit 2 oder 3 Nieten bzw. Schrauben hergestellt. Für größere Querschnitte müssen für zugfeste Verbindung 2 solcher Verbinder hintereinander gesetzt werden. Bei der vierten Bauart, den lösbaren Konusverbindern, werden die beiden Seilenden durch Konen in der Hülse bei sehr kleinem Übergangswiderstand gehalten, der aber nur gewährleistet ist, wenn die Klemme unter Zugspannung steht.

Zum Schluß sind noch die sog. Leitungsklemmen zu erwähnen. Mit ihnen werden die Leiterseile in den zugentlasteten Schlaufen an Abspann- und Verdrillungsmasten verbunden. An dem in Abb. 11a gezeigten Abspannmast sind solche Stromklemmen in den Leiterschlaufen zu erkennen. Die Klemmen sind aus dem zum Leiterseil passenden Metall ganz ähnlich wie die Abzweigklemmen Abb. 20a gebaut, nur sind die Öffnungen für die Leiterseile beide für gleichen Durchmesser vorgesehen.

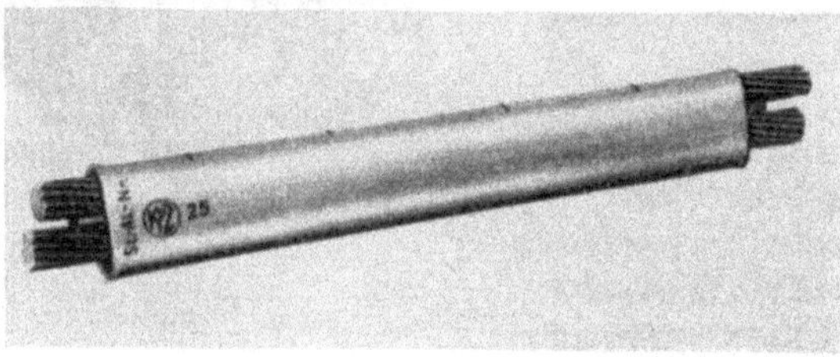

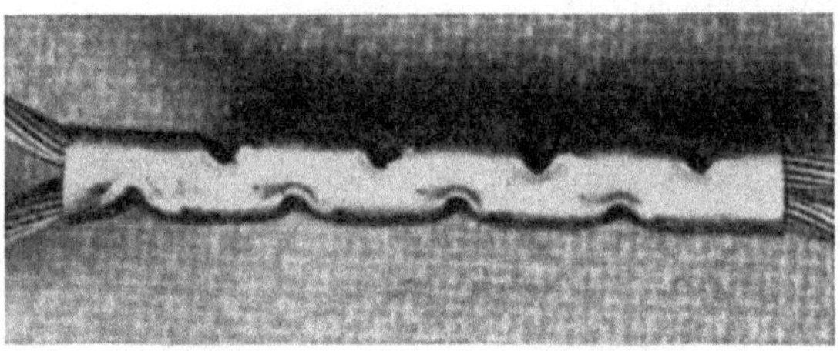

b) Nach dem Kerben, für 50 mm²

Abb. 21. Kerbverbinder für Kupferleitungen

Alle Klemmen und Verbinder müssen den Anforderungen des Normblattes

DIN 48215, Klemmen und Verbinder

genügen.

Lichtbogenschutzarmaturen

Durch atmosphärische Einflüsse und durch Schaltvorgänge können auf den Leitungen Überspannungen ausgelöst werden, die zu Lichtbogen-Überschlägen an den Isolatorenketten führen können. Um diese vor den dadurch hervorgerufenen thermischen Beanspruchungen zu bewahren, werden Lichtbogenschutzarmaturen an den Ketten angebracht, zwischen denen der Lichtbogen mit genügend großem Abstand vom Isolatorenkörper sich ausbilden kann. Ihre Ausführung ist verschieden. Es können oben und unten am Isolator einfache Schutzhörner oder Schutzhornkreuze angeordnet werden. An den Isolatoren des Abspannmastes Abb. 11 sind oben und unten Schutzringe eingebaut. Eine andere Bauweise sieht nur unten Schutzringe, dagegen oben Schutzhörner oder Schutzhornkreuze vor. Der Langstabisolator Abb. 22 trägt oben ein Schutzhornkreuz, unten einen Schutzkorbring. Die Langstabisolatorenketten der Abb. 23 tragen an beiden Enden Schutzkörbe. Außerdem sind noch kleinere Zwischenkörbe vorgesehen, die so ausgeführt sind, daß durch ihre abweisende Wirkung der Lichtbogen von den Armaturen zwischen den einzelnen Langstabisolatoren ferngehalten wird. Alle beschriebenen Schutzarmaturen werden aus verzinktem Stahl hergestellt.

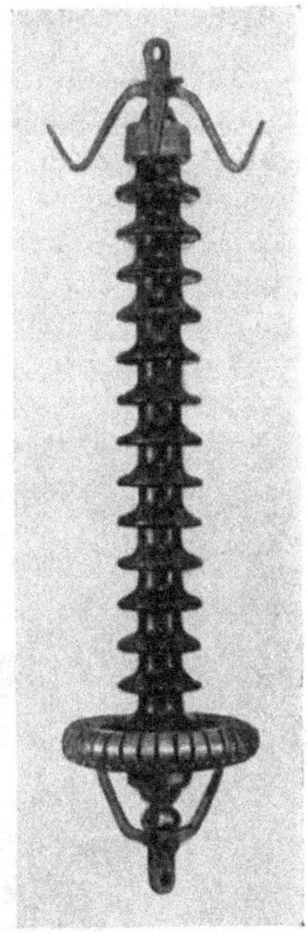

Abb. 22. Langstabisolator L 75/14
mit Schutzhornkreuz und Schutzkorbring

Abb. 23. Vierfache Abspannung einer Vierer-Bündelleitung

Bündelleiterarmaturen

Aus bestimmten Gründen, über die im Teil 2 berichtet werden wird, ist es für Höchstspannungsleitungen nötig, den berechneten Leiterquerschnitt auf zwei bis vier einzelne Seile aufzuteilen. Man spricht dann von Zweier-, Dreier- oder Vierer-Bündelleitungen. Abb. 23 zeigt die vierfache Abspannung einer Viererbündelleitung. Die einzelnen Teilseile werden durch Abspannstücke aus verzinktem Stahl, die in etwa 100...170 m Entfernung eingebaut werden, in Abständen von 40...50 cm gehalten. Abb. 24a zeigt einen Abstandhalter, der für die Befestigung der Seile am Isolator bestimmt

a) Am Mast aufgehängt

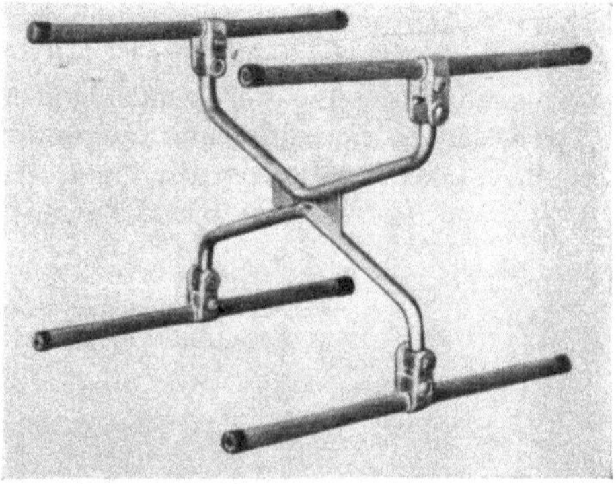

b) Im Spannfeld zwischen den Masten

Abb. 24. Abstandhalter für Vierer-Bündelleitungen

ist, Abb. 24b einen solchen, der im freien Spannfeld zwischen zwei Masten die Seile in richtigem Abstand hält. Zur Verbindung der Teilleiter sind besondere Rohrklemmen geschaffen worden. Die Bündelleiter sind für die im Bau befindlichen oder für die Zukunft geplanten 300- und 400-kV-Leitungen bestimmt.

2. Bau von Freileitungen

Auf die Vorarbeiten und den Bau von Freileitungen kann hier nur kurz eingegangen werden. Liegt die zu übertragende Leistung und die Nennspannung der Leitung fest, so wird man auf Karten (Maßstab etwa 1:100000) die Leitungsführung möglichst geradlinig festlegen, soweit es Bodenbeschaffenheit, etwaige Ortschaften, Kreuzungen aller Art es zulassen. Nach der Berechnung des wirtschaftlichsten Leitungsquerschnitts und, daraus folgend, nach wirtschaftlichen Gesichtspunkten festgelegter Mastentfernung sowie Ermittlung des Durchhangs werden auf Karten größeren Maßstabs

Abb. 25. Errichten eines Stahl-Gittermastes

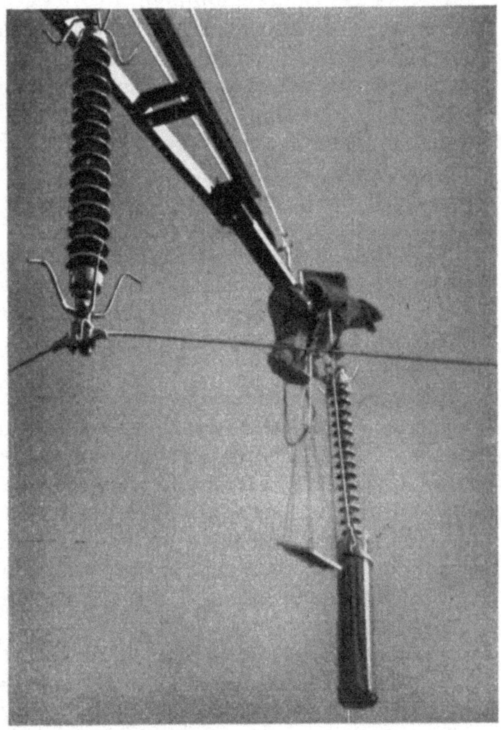

Abb. 26 Montage eines Langstabisolators L 75/14

(1 : 25000) die einzelnen Mastpunkte festgelegt. Die Geometer werden dann im Gelände die Leitungsführung einmessen und durch eingeschlagene Pflöcke die Mastpunkte festlegen. Es folgt eine häufig langwierige und unangenehme Arbeit, das Einholen der Maststandortsgenehmigungen der Grundbesitzer, auf deren Land der in Aussicht genommene Mast errichtet werden soll. Ein Vorteil des Weitspannsystems ist, daß man weniger Genehmigungen ein-

zuholen hat. Man soll mit diesen Arbeiten nur Leute betrauen, die geschickt im Umgang mit der Landbevölkerung sind, der in den weitaus meisten Fällen der Grund und Boden der Maststandorte gehört, um möglichst in ruhigen Verhandlungen die Genehmigungen zu erhalten und nicht erst langwierige Enteignungsverfahren, die stets Mißstimmung erzeugen, einleiten zu müssen.

Liegen die Genehmigungen vor, so können etwaige Bohrungen zur Erforschung des Baugrundes für die Mastfundamente, s. S. 34, vorgenommen werden. Gleichzeitig sind die Anträge und vorgeschriebenen Berechnungen für etwaige Kreuzungen bei den betreffenden Behörden: Post-, Straßen-, Eisenbahn-, Autobahn- oder Wasserstraßen-Verwaltungen, einzureichen. Hierzu gehört auch die Berechnung etwaiger Näherungen mit Postleitungen, d. h. längere Parallelführung der zu bauenden Hochspannungsleitung mit denselben, die zu ergeben hat, daß eine gegenseitige Beeinflussung gewisse festliegende Werte nicht übersteigt.

Nach diesen Vorschriften kann mit dem Setzen von Holz- oder Betonmasten oder der Errichtung von Fundamenten für Stahlmasten begonnen werden. Bei Holzmasten werden die Isolatoren in der Regel vor dem Aufrichten am Mast befestigt und dieser dann in der ausgeworfenen Baugrube aufgestellt.

Nach dem Abbinden der Betonfundamente werden die Stahlmaste, die in einzelnen Stücken, Schüssen von bestimmter Länge angefahren werden, errichtet. Abb. 25 zeigt gut, wie diese Arbeiten mit Hilfe eines Windenmastes ausgeführt werden. Die einzelnen Schüsse werden, sobald sie in die richtige Stellung gebracht sind, miteinander verschraubt oder vernietet. Nach Anbringen der Ausleger werden die Isolatoren an diesen aufgehängt. In Abb. 26 ist die Montage eines 25 kg schweren Langstabisolators L 75/14, der zum Schutz in einer Korbhülle hochgezogen wird, wiedergegeben.

Aus den letzten beiden Abbildungen ist die Schwierigkeit des Errichtens der Masten, das absolute Schwindelfreiheit verlangt, gut zu erkennen. Das Aufrichten eines Betonmastes mit einem schwenkbaren Hilfs-A-Mast und einer Zugwinde ist in Abb. 27 dargestellt.

Zum Aufbringen der Seile werden Rollen an den eingehängten Isolatoren angebracht, über die ein Stahlseil gezogen wird. Am Anfang der Leitung wird die vom Drahtwerk gelieferte Trommel mit dem Leitungsseil drehbar aufgestellt und das über die Rollen laufende Stahlseil am Leiterseil befestigt. Mit einer motorisch betriebenen Seilwinde, s. Abb. 27, die in einer Entfernung von etwa einer Fabrikationslänge des zu verlegenden Leiterseils aufgestellt wird, zieht man das Leiterseil mit Hilfe des Stahlseils über die Rollen.

Zum Festsetzen der Leiterseile in den Klemmen sind die sog. *Montagekurven* erforderlich. Diese zeigen die durch Rechnung ermittelte Abhängigkeit des Durchhangs oder der Zugspannung der Leiterseile von der Temperatur derselben. Aus den Montagekurven werden für die Lufttemperatur des Arbeitstages der Durchhang oder die Zugspannung entnommen, mit denen die Leiterseile gespannt werden müssen. Ist in einem Spannfeld zwischen zwei Masten das eine Ende des Leiterseils befestigt, so wird entweder mit einem Visiergerät der geforderte Durchhang oder mit einem mechanischen Zugmesser (Dynamometer) die verlangte Zugspannung eingestellt und das freie Ende durch Verschrauben des Klemmdeckels der Hänge- oder Abspannklemme festgelegt. So wird die Leitung von Mast zu Mast gespannt.

Abb. 27. Aufrichten eines Betonmastes mit Hilfs-A-Mast und Zugwinde

Vorstehend konnten nur ganz kurz die wichtigsten Arbeitsgänge beim Leitungsbau geschildert werden. Auf viele Schwierigkeiten, die oft bei der Planung oder dem Bau auftreten, wie bei der Errichtung im unwegsamen Hochgebirge — so konnten z. B. die Teile der Aluminiummaste Abb. 13 nur mit Hubschraubern an die Baustellen gebracht werden [7] —, bei sehr schlechtem Baugrund in Moorgegenden, bei sehr weiten Tal-, Fluß- oder Seekreuzungen, bei Leitungsführung durch gewitterreiche Gegenden oder durch solche mit häufiger Rauhreifbildung, sowie auf mancherlei Sonderbauweisen kann hier nicht näher eingegangen werden.

3. Belastungsfähigkeit von Freileitungen

Während bei den Installationsleitungen die durch zu große Belastungsströme hervorgerufene Erwärmung Brandgefahr verursacht, wird bei unzulässiger Erwärmung der Freileitungsseile durch zu große Belastungsströme eine Minderung der Festigkeit hervorgerufen. Die zulässige Erwärmung, d. h. also die Übertemperatur, von Freileitungsseilen soll nach dem *Normblatt DIN 48215,* bei ruhender Luft im Freien 40° betragen. Da im Hochsommer Temperaturen von 40° C vorkommen, würden die Seile dann eine Temperatur von 80° C erreichen. Darüber hinausgehende Werte rufen bei den hart gezogenen Drähten, aus denen die Seile bestehen, schon eine Beeinträchtigung der Festigkeit hervor. Im allgemeinen ist infolge des Spannungsabfalls der Querschnitt so hoch zu wählen, daß die Stromdichte gering, also die Temperatur von 40° C nicht erreicht wird.

Nach den Tafeln 1 und 2 des erwähnten Normblattes ist die folgende Tafel 9 für Kupfer-, Aluminium-, Aldrey- und Stahlaluminiumseile zusammengestellt.

Tafel 9

Dauerbelastbarkeit von Freileitungsseilen für 40° C Übertemperatur, zusammengestellt nach *DIN 48215*

1	2	3	4	5	6
Seil-Nenn-querschnitt mm²	Dauerstrom Cu A	Al A	Aldrey A	Seil-Nenn-querschnitt mm²	Dauerstrom Stahlaluminium 1 : 6 A
16	115	92	88	16/2,5	90
25	151	121	115	25/4	125
35	174	149	142	35/6	145
50	231	185	176	50/8	170
70	282	226	215	70/12	235
95	357	282	269	95/15	290
120	411	329	313	120/21	345
150	477	382	363	150/25	400
185	544	435	414	185/32	455
240	641	513	488	210/36	490
300	747	598	568	240/40	530
				300/50	615

C. Kabel

1. Aufbau der Kabel

Wie schon eingangs erwähnt, ähneln die Kabel in ihrem Aufbau den isolierten Leitungen. Nach den VDE-Vorschriften werden folgende Kabel unterschieden:

Papierbleikabel

Die Isolation der Leiter besteht aus hochwertigem getränkten Papier. Sie werden als Ein- bis Vierleiterkabel für Nennspannungen von 1 kV bis 60 kV hergestellt und besitzen einen Bleimantel. Ihr Aufbau wird bestimmt nach den

Vorschriften für Papierbleikabel in Starkstromanlagen VDE 0255/2. 51.

Ihr Grund-Kurzzeichen, wie bei den isolierten Leitungen, ist NK.

Gummi- und Kunststoffbleikabel

Die Isolation der Leiter besteht aus Gummi oder Kunststoff. Sie werden als Ein- bis Vierleiterkabel für Nennspannungen bis 1 kV hergestellt und besitzen einen Bleimantel. Ihr Aufbau ist festgelegt in den

Vorschriften für Gummibleikabel und Kunststoffbleikabel in Starkstromanlagen VDE 0265/7. 55.

Ihr Grund-Kurzzeichen ist NGK für Gummi-, NYK für Kunststoffisolierung.

Bleimantellose Gummi- und Kunststoffkabel

Die Isolation der Leiter besteht aus Gummi oder Kunststoff. Sie werden als Ein- bis Vierleiterkabel vorerst nur für Nennspannungen bis 1 kV nach den VDE-Vorschriften gebaut. Als äußere Hülle besitzen die gummiisolierten Kabel einen Gummimantel, die kunststoffisolierten einen Kunststoffmantel. Ihr Aufbau ist festgelegt in den

Vorschriften für Kabel mit Gummiisolierung und Gummimantel oder mit Kunststoffisolierung und Kunststoffmantel VDE 0271/1. 55.

Ihr Grund-Kurzzeichen ist NGG für gummiisolierte, NYY für kunststoffisolierte Kabel. Auf Grund der sehr guten Erfahrungen mit den Mantelleitungen NYA werden kunststoffisolierte Kabel mit Kunststoffmantel schon für Nennspannungen bis 15 kV hergestellt.

Die Adern aller Kabel bestehen aus Kupfer, bei Gummiisolation aus verzinntem Kupfer, oder aus Aluminium, wobei sie entweder als Rundleiter oder bei mehradrigen Kabeln als Sektorleiter ausgebildet werden. Durch die letztere Anordnung wird der Gesamtdurchmesser des Kabels verringert und dadurch der Bedarf an Isolierstoffen, Blei und Stahl gespart. Die vergleichende Abbildung eines Drehstromkabels mit drei Rundleitern, Abb. 28a, und mit drei Sektorleitern, Abb. 28b, von gleichem Querschnitt zeigt diesen Unterschied. Bei Vierleiterkabeln hat die vierte Ader für den Sternpunktleiter meist geringeren Querschnitt als die drei anderen. Die Leiter werden bei größeren Querschnitten aus einzelnen Drähten verseilt, damit die für die Verlegung der Kabel notwendige Biegsamkeit gewährleistet wird. Über die Anzahl der Drähte, aus denen die Leiteradern bestehen müssen, sowie über ihre Durchmesser sind in den genannten Kabelvorschriften genaue Angaben gemacht. Um die isolierten Adern wird bei allen Kabeln ein nahtloser Bleimantel oder ein Gummi- bzw. Kunststoffmantel gepreßt. Bei Mehrleiterkabeln wird der Raum zwischen den drei Adern und die Räume zwischen den Adern und dem Mantel, Zwickel oder Beilauf genannt, mit Isoliermasse

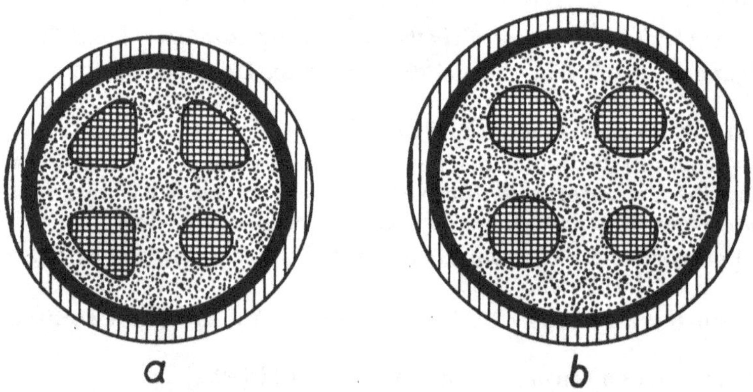

Abb. 28. Vergleich eines Dreileiterkabels mit Rundleitern (a) und Sektorleitern (b)

und Papierfaserstoffen ausgefüllt. Der Mantel verhindert das Eindringen von Feuchtigkeit in die Isolierstoffe, wodurch ihre Isolierfähigkeit herabgesetzt werden würde.

Der weitere Aufbau der Kabel ist je nach ihrem Verwendungszweck sehr verschieden. Um die Bauart zu kennzeichnen, werden den schon genannten Grund-Kurzzeichen Buchstaben zugesetzt, die in den drei Kabelvorschriften einheitlich festgelegt sind.

Die Kabel mit blankem ungeschütztem Mantel werden selten, meist nur für Innenräume verwendet. Sie erhalten keinen Zusatz-Buchstaben.

In den meisten Fällen erhält der Mantel eine Schutzhülle aus zähflüssiger Isoliermasse und mehrere Lagen getränktes Papier, Kurzzeichenzusatz K, also z. B. NKA, NYKA.

Gegen äußere mechanische Beschädigungen folgt u. U. auf diese Umhüllung eine Bewehrung mit Stahlband, Kurzzeichenzusatz B, Flachdraht F oder Runddraht R, z. B. NKB, NYKF.

Noch weiter werden die Kabel durch eine zweite Umhüllung auf der Bewehrung geschützt. Diese Kabel werden viel benutzt, z. B. NKBA, NGKRA, NYYBA.

Es gibt noch eine Reihe von Kabeln mit besonderem mechanischen Schutz aus doppelter Bewehrung als Gegenwendel mit verschiedenen Anordnungen und darüber einfache oder doppelte Umhüllung, z. B. für Grubenschächte oder zur Verlegung in Flußläufen.

Die bisher angeführten Kurzzeichen gelten für Kabel mit Kupferleitern. Bestehen die Adern aus Aluminium, so wird in das Kurzzeichen hinter dem N ein A eingefügt. Ein bewehrtes Papierbleikabel mit Umhüllung auf dieser Bewehrung und mit Al-Leitern führt das Kurzzeichen NAKBA, ein ebenso ausgeführtes jedoch mit Kunststoffmantel NAYYBA.

Zur genauen Kennzeichnung eines Kabels folgt nach dem Kurzzeichen die Leiterzahl und der Leiterquerschnitt, weiter bei Rundleitern der Buchstabe r, bei Sektorleitern s, bei eindrähtigen Leitern e, bei mehrdrähtigen m und schließlich die Nennspannung. Z. B. bedeutet: NKBA 3×70 r m 15 kV ein Papierbleikabel mit einer Schutzhülle auf dem Bleimantel, darauf Stahlbandbewehrung und äußere Schutzhülle, Querschnitt 3×70 mm², Rundleitern aus mehreren Drähten für eine Nennspannung von 15 kV.

Näher soll auf Einzelheiten nicht eingegangen werden. Bestimmungen über Zusammensetzung und Dicke der einzelnen Schichten von Isolierhüllen und Mänteln, Umhüllung und Bewehrung sind in den Kabelvorschriften auf das genaueste enthalten.

Die Drehstromkabel werden, abgesehen von dem schon geschilderten Aufbau, in zwei verschiedenen Ausführungen hergestellt, die sich durch die elektrische Beanspruchung des Isoliermittels rund um die Adern unterscheiden.

Bei den Gürtelkabeln werden alle drei Adern von einem gemeinsamen Bleimantel umgeben. Die Spannungen der drei Stränge gegeneinander sind in jedem Augenblick verschieden. In Abb. 29 sind die elektrischen Feldlinien zwischen den drei Adern und zwischen Adern und Bleimantel für den Zeitpunkt eingezeichnet, in dem die Stränge R und S unter entgegengesetzter Spannung stehen, der Strang T dagegen spannungslos ist. Die Linien, die die Punkte gleicher Feldstärke verbinden, nennt man Niveaulinien. Sie sind in Abb. 29 mit eingezeichnet. Die Feldlinien verlaufen stets senkrecht zu den Niveaulinien. Aus Abb. 29 ist zu erkennen, daß die Papierisolation der Adern an vielen Stellen nicht senkrecht von den Feldlinien getroffen wird. Um dieses noch deutlicher zu machen, ist in Abb. 30 in vergrößertem Maßstab ein Leiter mit einer Feldlinie und den ihn konzentrisch umgebenden, isolierenden Papierschichten wiedergegeben. An jedem Punkt kann man die unter einem Winkel α die Papierschichten durchsetzenden Feldlinien in eine Komponente senkrecht, quer zu den Papierschichten $\mathfrak{E}_q$ und eine solche in Richtung, längs derselben, $\mathfrak{E}_l$ zerlegen, wie das in

Abb. 30 angedeutet ist. Die elektrische Festigkeit senkrecht zu den Papierschichten ist viel größer als die in Richtung dieser. Die Gefahr des Durch-

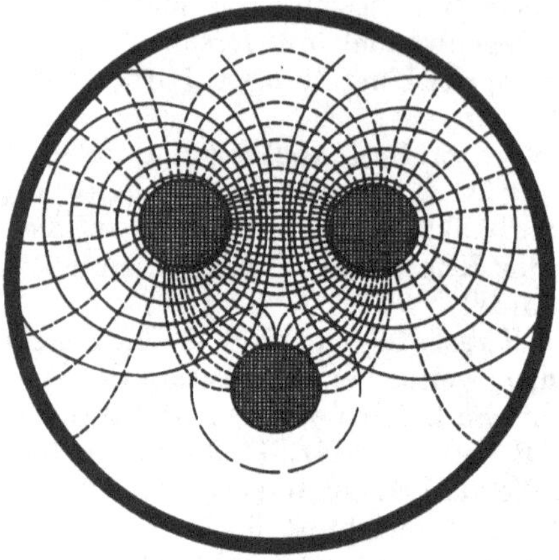

Abb. 29. Feldlinienbild eines Drehstrom-Gürtelkabels

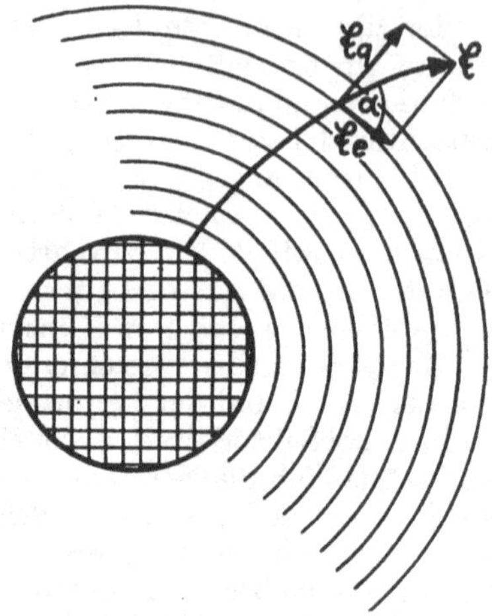

Abb. 30. Herausgezeichnete Feldlinie eines Gürtelkabels

schlags in Richtung dieser Schichtung ist daher bei Gürtelkabeln gegeben. Weiter wird auch die Isoliermasse des Beilaufs ungünstig durch diese nicht senkrechte Beanspruchung beeinflußt. Mit der Zeit können, verstärkt durch die Ausdehnung infolge Erwärmung bei Belastung und folgender Zusammenziehung bei Abnahme der Belastung, in der Isoliermasse Hohlräume entstehen. In diesen treten Glimmentladungen auf, die frühzeitig einen Durchschlag des Kabels hervorrufen können. Gürtelkabel werden daher nur für Nennspannungen bis 15 kV hergestellt.

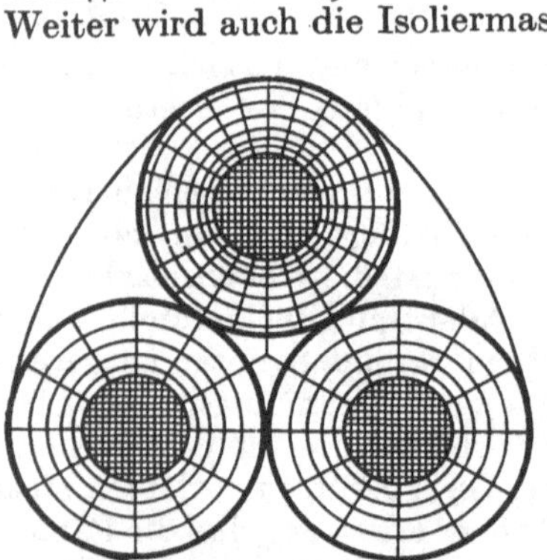

Abb. 31
Feldlinienbild eines Drehstromkabels mit metallisierten Adern (H-Kabel)

Umgibt man jede isolierte Ader eines Dreileiterkabels mit einer dünnen metallischen Schicht, z. B. dünne Aluminiumfolie, die mit dem Bleimantel leitend verbunden werden, so ergibt sich eine ganz gleichmäßige Beanspruchung der Kabelisolation. Abb. 31 zeigt das Feldlinienbild eines solchen metallisierten Kabels, nach ihrem Erfinder Höchstädter auch H-Kabel genannt, für den Augenblick, da im Strang R die volle, in S und T die halbe entgegengesetzte

Spannung herrscht. Die Niveaulinien sind jetzt konzentrische Kreise, die Feldlinien durchsetzen überall die Papierschichten senkrecht. Die Gefahr der Bildung von Glimm-Hohlräumen ist bedeutend verringert. Die gleiche günstige Beanspruchung der Kabelisolation erreicht man mit dem Dreimantelkabel. Bei diesen ist jede der drei Adern mit eigenem Bleimantel umgeben. Die Adern sind dann verseilt und werden außen durch Umhüllung und Bewehrung geschützt. Diese Kabel werden für Spannungen bis 60 kV gebaut und sind bis zu dieser Spannung in den Kabelvorschriften genormt. Sie können zusätzlich noch mit Metallisierung des H-Kabels versehen werden. Diesen wird im Kurzzeichen vor dem K ein H, den Dreimantelkabeln ein E oder mit Metallisierung ein HE zugesetzt, z. B. NHKBA, NAEKBA, NHEKBA.

Abb. 32. Einleiter-Ölkabel für 110 kV

Für höhere Spannungen wächst die Gefahr des vorzeitigen Durchschlags infolge Bildung von Glimm-Hohlräumen. Bisher haben sich zur Vermeidung dieser Gefahr zwei Bauarten für Höchstspannungskabel bewährt.

Beim Ölkabel werden alle Hohlräume im Kabelinnern durch schon bei normaler Temperatur dünnflüssiges Öl ausgefüllt. Erwärmt sich das Kabel infolge der Belastung, so dehnt sich das ebenfalls warm werdende Öl aus und entweicht in besondere Ölausgleichgefäße, die in Abständen von 400 bis 500 m längs der Kabelstrecke angeordnet sind. Die Gefäße sind so gebaut, daß das heiße Öl in ihnen unter Druck steht und beim Erkalten infolge Abnahme der Belastung in das Innere zurückströmt. Beim Dreileiter-Ölkabel sind besondere Ölkanäle im Innern vorgesehen. Beim Einleiter-Ölkabel wird der Leiter als Hohlseil ausgebildet, in dessen Innerem das Öl sich befindet. Abb. 32 zeigt ein solches Einleiter-Ölkabel.

Die andere Bauart, das Druckkabel, ist ein Dreimantelkabel und wie jedes andere mit der der Nennspannung entsprechenden Isolationsdicke gebaut. Das ganze Kabel wird in abgedichtete Stahlrohre verlegt, in denen sich Stickstoffgas unter einem Druck von 15 atü befindet. Durch diesen allseitig auf das Kabel wirkenden Druck wird die Bildung von Hohlräumen beim Ausdehnen und Zusammenziehen des Kabels infolge der Belastung sicher vermieden. Um das Kabel leicht und ohne Beschädigung in die Rohre einziehen zu können, sind auf den einzelnen Adern je drei D-förmige Gleitdrähte aus Hartkupfer angebracht, die in der Abb. 33 eines Dreileiter-Druckkabels für 110 kV gut zu erkennen sind.

Diese beiden Bauarten von Höchstspannungskabeln werden für Nennspannungen von 60 kV bis 220 kV gebaut. Welche von ihnen jeweils an-

Abb. 33. Dreileiter-Druckkabel für eine Nennspannung von 110 kV

zuwenden ist, hängt viel von der Beschaffenheit des Geländes, in dem das Kabel verlegt werden soll und auch von der Kabellänge ab.

2. Kabelarmaturen

Zur Verbindung der in Fabrikationslängen von meist 500 m hergestellten Kabel und zur Herstellung von Abzweigen am Kabel dienen die Verbindungs- und Abzweigmuffen. Sie sind so aufgebaut, daß ein Eindringen von Feuchtigkeit mit vollkommener Sicherheit verhindert wird. Abb. 34 zeigt eine genormte Verbindungsmuffe für eine Nennspannung von 10 kV für 3×35 mm² Leiterquerschnitt. Sie besteht aus Gußeisen und ist in ihrer Längsrichtung zweiteilig. Durch die an beiden Enden befindlichen Schellen werden die Kabelstücke in die Muffe eingeführt. In ihrem Innern werden die einzelnen Schichten der Kabel vorschriftsmäßig abgetragen, die Adern freigelegt, etwas auseinandergebogen, durch Stege in ihrer Lage festgehalten und durch Schraubhülsen oder durch Lötung miteinander verbunden. Für

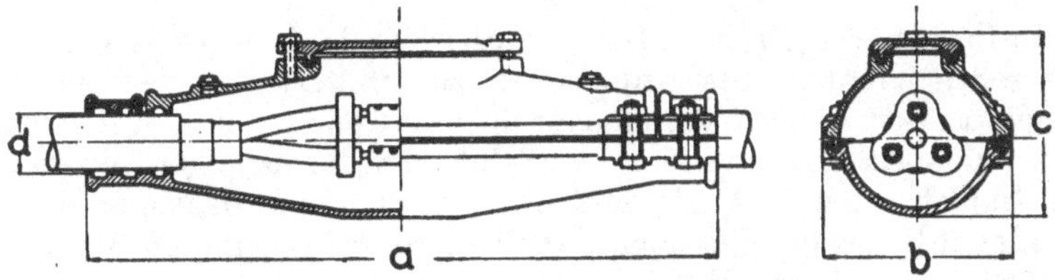

a = 640 mm *b* = 220 mm *c* = 195 mm *d* = 68 mm

Abb. 34. Kabelverbindungsmuffe M640 für Nennspannungen von 10 kV und 3×35 mm² Leiterquerschnitt nach *DIN 47601*

Leiter aus Aluminium sind besondere Verbindungsverfahren meist durch Schweißung entwickelt worden. Durch Umwickeln mit Isolierbändern werden die blanken Verbindungsstellen wieder gut abisoliert. Alsdann erfolgt das Ausgießen der unteren Muffenhälfte mit zähflüssiger Isoliermasse. Nach Auflegen und Verschrauben der oberen Muffenhälfte wird auch diese gut vergossen. Die Muffen sind durch besondere Erdungsleitungen mit Bleimantel und u. U. mit dem geerdeten Mittelleiter zu verbinden. Für höhere Spannungen ist in der gußeisernen Muffe eine mit dem Bleimantel verlötete Bleimuffe vorgesehen. Für Gegenden, wo mit Erdbewegungen zu rechnen ist, sind besondere Muffen entwickelt worden, die ein Dehnen des Kabels gestatten. Die Abzweigmuffen sind ganz ähnlich wie die Verbindungsmuffen gebaut. Beide sind in zahlreichen *DIN-Blättern* genormt, die hier nicht alle aufgeführt werden können.

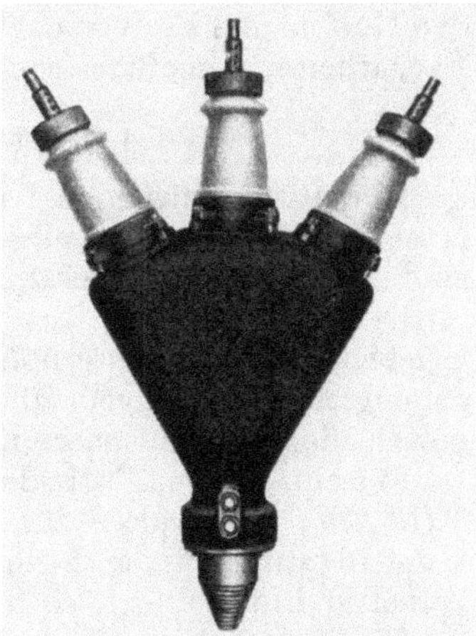

Abb. 35
Flach-Kabelendverschluß für Nennspannungen von 10 ... 30 kV

Auch die Enden der Kabel sind gegen Eindringen von Feuchtigkeit zu schützen. Dazu dienen die Kabelendverschlüsse, die ganz ähnlich wie die Kabelmuffen gebaut sind. Je nach Querschnitt der Kabelleiter und Höhe der Nennspannung ist der Bau der Endverschlüsse sehr verschieden. In Abb. 35 ist ein Flach-Endverschluß für Nennspannungen von 10...30 kV und Leiterquerschnitten bis $3 \times 185\ mm^2$ Leiterquerschnitt gezeigt. Auch für die Endverschlüsse sind eine Reihe DIN-Blätter aufgestellt.

3. Verlegung von Kabeln

Im Erdboden werden die Kabel in frostfreier Tiefe, etwa 70 cm, verlegt. Um sie gegen nachfolgende Erdarbeiten zu schützen, werden sie mit besonders geformten Abdecksteinen oder auch mit einfachen Ziegelsteinen abgedeckt. Auch Kabelschutzrohre, vor allem bei Kreuzungen, werden verwendet. In Gebäuden, in Kraft- und Abspannwerken verlegt man die Kabel in besonderen Kabelkanälen oder Kabelkellern auf geeigneten Stützen oder Kabelträgern möglichst übersichtlich, um bei Reparaturen beschädigte Kabel leicht herausfinden zu können. Die Bogen dürfen nicht zu scharf gewählt werden. Man rechnet als kleinsten Krümmungshalbmesser das 15fache des Durchmessers bei Bleikabeln, das 10fache bei Kunststoffkabeln, ein weiterer Vorteil dieser neuartigen Bauart. In Gegenden, in denen Bodenbewegungen häufiger auftreten, müssen die Kabel in Windungen verlegt oder Sonderkabel verwendet werden, die Zugbelastungen gewachsen sind. Flußkabel, Kabel im Bergbau oder Kabel im Schiffbau sind entsprechend den besonderen Anforderungen zu verlegen. Alle Arbeiten an den Muffen und Endverschlüssen müssen aufs sorgfältigste durch besondere Facharbeiter ausgeführt werden.

4. Belastungsfähigkeit von Kabeln

In den verschiedenen Kabelvorschriften sind für die einzelnen Kabelarten Belastungstafeln aufgeführt. In den folgenden Tafeln 10, 11 und 12 sind Auszüge daraus zusammengestellt.

Den nachstehenden drei Belastungstafeln sind jeweils die in ihnen angegebenen Temperaturerhöhungen zugrunde gelegt, so daß bei einer Umgebungstemperatur von 20° C die Betriebstemperatur der Kabel bei den verschiedenen Nennspannungen 65° C, 55° C oder 45° C betragen.

Für einzelne im Erdboden verlegte Gummi- oder Kunststoffkabel nach *VDE 0265/7. 55* gelten für Nennquerschnitte von 1,5...500 mm^2 die in Tafel 10 aufgeführten höchstzulässigen Belastungsströme. Werden diese Kabel in Luft verlegt, so ist ihre Belastbarkeit um 25% geringer.

Die Strombelastbarkeit der bleimantellosen Kabel nach *VDE 0271/1.55* für Nennquerschnitte von 1,5...300 mm^2 für Einleiterkabel mit oder ohne Bewehrung für Gleichstrom, ohne Bewehrung auch für Wechsel- oder Drehstrom, für Nennquerschnitte von 1,5...240 mm^2 als Zwei- bis Vierleiterkabel kann ebenfalls der Tafel 10 für ein einzelnes im Erdboden verlegtes Kabel entnommen werden.

Für Häufung mehrerer Kabel nebeneinander im Erdboden oder in Luft, für abweichende Umgebungstemperaturen, für Kabel in Kanälen, Rohren

Tafel 10. Strombelastbarkeit von Einleiter-Gleichstromkabeln sowie von 1-kV-Mehrleiter-Gürtelkabeln, zusammengestellt nach *VDE 0255/2. 51*

1	2	3	4	5	6	7
	Cu-Leiter			Al-Leiter		
Nenn-querschnitt	Ein-	Zwei- Leiterkabel	Drei- u. Vier-	Ein-	Zwei- Leiterkabel	Drei- u. Vier-
mm^2	A	A	A	A	A	A
1,5	35	30	25	—	—	—
2,5	50	40	35	40	30	25
4	65	50	45	50	40	35
6	85	65	60	70	50	45
10	110	90	80	90	70	65
16	155	120	110	125	95	90
25	200	155	135	160	125	110
35	250	185	165	200	150	130
50	310	235	200	250	190	160
70	380	280	245	305	225	195
95	460	335	295	370	270	235
120	535	380	340	430	305	270
150	610	435	390	490	350	310
185	685	490	445	550	390	355
240	800	570	515	640	455	410
300	910	640	590	730	510	470
400	1080	760	700	865	610	560
500	1230	—	—	985	—	—
625	1420	—	—	1140	—	—
800	1640	—	—	1310	—	—
1000	1880	—	—	1500	—	—
Temperatur-erhöhung	45° C					

u. dgl. sind in den Kabelvorschriften besondere Angaben über Minderung der Belastbarkeit gemacht.

III. Querschnitts- und Spannungsberechnungen der Leitungen

Die in den folgenden Abschnitten durchgeführten Leitungsberechnungen beziehen sich vorwiegend auf elektrische Größen des zulässigen Spannungs- oder Leistungsverlustes. Es muß gleich am Anfang betont werden, daß bei den Planungen in der Praxis wirtschaftliche Gesichtspunkte eine hervorragende Rolle einnehmen, die von Fall zu Fall aus sehr verschiedenen Überlegungen gewonnen werden müssen.

Tafel 11. Strombelastbarkeit von Dreileiter-Gürtelkabeln, zusammengestellt nach *VDE 0255/2. 51*

1	2	3	4	5	6	7	8	9	10	11
Nennquerschnitt	Cu-Leiter Nennspannung in kV					Al-Leiter Nennspannung in kV				
	3	6	10	15	20	3	6	10	15	20
mm^2	A	A	A	A	A	A	A	A	A	A
6	60	55	—	—	—	50	45	—	—	—
10	80	75	65	—	—	65	60	50	—	—
16	105	100	85	80	—	85	80	70	65	—
25	135	130	110	105	105	110	105	90	85	85
35	165	160	135	130	125	130	110	110	105	100
50	220	195	165	155	150	160	155	130	125	120
70	245	235	200	195	185	195	190	160	155	150
95	290	280	240	230	225	230	225	190	185	180
120	335	325	280	265	260	270	260	225	215	210
150	380	370	320	305	300	305	295	255	245	240
185	435	420	360	350	340	350	335	290	280	270
240	505	490	420	410	400	405	390	340	330	320
300	570	560	475	470	—	460	445	385	—	—
400	660	660	—	—	—	545	530	—	—	—
Temperaturerhöhung	45° C		35° C			45° C		35° C		

A. Gleichstromleitungen

Gleichstromleitungen zur Versorgung elektrischer Licht- und Kraftanlagen sind heute nur noch verhältnismäßig selten. Jedoch als Speiseleitungen für elektrische Bahnanlagen aller Art, als Freileitungen oder Kabel für Straßen- und Stadtschnellbahnen, Voll-, Abraum- und Grubenbahnen, werden Gleichstromleitungen noch viel benötigt.

Die Berechnungen der Wechsel- und Drehstromleitungen bauen sich aus den Überlegungen und abgeleiteten Gleichungen der Gleichstromberechnungen auf.

1. Speiseleitungen

Alle Berechnungen von Leitungen gehen vom Spannungsverlust ΔU aus, der nach dem Ohmschen Gesetz

$$\Delta U = I \cdot R \tag{8}$$

ist. Setzt man die Gleichung für den Widerstand eines Drahtes

$$R = \frac{l}{\varkappa \cdot q} \tag{9}$$

Tafel 12. Strombelastbarkeit von Dreimantelkabel, zusammengestellt nach *VDE 0255/2. 55*

1	2	3	4	5	6	7	8	9	10	11	12	13	14	15	16	17
Nenn-querschnitt	Cu-Leiter Nennspannung in kV								Al-Leiter Nennspannung in kV							
	3	6	10	15	20	30	45	60	3	6	10	15	20	30	45	60
mm²	A	A	A	A	A	A	A	A	A	A	A	A	A	A	A	A
6	65	60	—	—	—	—	—	—	50	—	—	—	—	—	—	—
10	85	80	70	—	—	—	—	—	70	60	55	—	—	—	—	—
16	115	110	95	90	—	—	—	—	90	85	75	70	—	—	—	—
25	150	145	125	120	115	—	—	—	120	115	100	95	90	—	—	—
35	185	180	150	145	140	135	—	—	150	145	120	115	110	105	—	—
50	225	220	190	180	170	165	155	—	180	175	150	145	135	130	125	—
70	270	265	230	220	210	200	185	—	215	210	185	175	170	160	150	—
95	315	310	270	255	245	235	220	210	255	250	215	205	195	190	175	170
120	370	365	310	295	285	270	250	240	295	290	250	240	230	215	200	190
150	420	415	350	340	325	310	285	270	335	330	280	270	260	250	230	215
185	470	465	395	380	365	345	320	305	375	370	315	305	290	275	255	245
240	540	535	460	445	425	400	370	355	435	430	370	355	340	320	295	280
300	615	610	520	500	480	450	420	400	495	490	415	400	385	360	335	320
400	710	700	600	575	550	515	485	460	570	560	480	460	440	415	390	370
500	790	780	670	640	615	580	—	—	630	625	540	510	490	465	—	—
Temperatur-erhöhung	45° C		35° C			25° C			45° C		35° C			25° C		

ein, so wird der Spannungsverlust:

$$\Delta U = \frac{I \cdot l}{\varkappa \cdot q} \tag{10}$$

Der Querschnitt muß so stark gewählt werden, daß der Spannungsverlust ΔU in erfahrungsgemäßen Grenzen bleibt. Macht man den Querschnitt q zu schwach, so wird der Spannungsverlust zu groß, was vor allem bei den für Spannungsabsenkungen sehr empfindlichen Metalldrahtlampen, aber auch für alle Motoren nachteilig ist. Wählt man den Querschnitt dagegen zu stark, so werden die Anlagekosten zu hoch. Der Spannungsverlust wird in Prozenten bezogen, auf die Spannung U_E, am Ende der Leitung angegeben. Dieser prozentuale Spannungsverlust p_U wird erfahrungsmäßig gewählt:

für Lichtleitungen $p_U = 2\ldots\ 3\%$
für Kraftleitungen $p_U = 5\ldots 10\%$

Der tatsächliche Spannungsverlust in V ergibt sich zu:

$$\Delta U = \frac{p_U}{100} U_E \tag{11}$$

Da bei Gleichstromleitungen Hin- und Rückleitung zu berücksichtigen ist, ergibt sich der Querschnitt aus Gl. (10):

$$q = \frac{2 \cdot I \cdot l}{\varkappa \cdot \Delta U} \tag{12}$$

und der Spannungsverlust bei gegebenem Querschnitt:

$$\Delta U = \frac{2 \cdot I \cdot l}{\varkappa \cdot q} \tag{13}$$

Die Leitfähigkeit für die beiden wichtigsten Leiterwerkstoffe ist

für Kupfer (Cu) $\varkappa = 56 \frac{S\,\mathrm{m}}{\mathrm{mm}^2} \quad \left[\frac{\mathrm{m}}{\Omega\,\mathrm{mm}^2}\right]$ (kaltgereckt)

für Aluminium (Al) $\varkappa = 35 \frac{S\,\mathrm{m}}{\mathrm{mm}^2} \quad \left[\frac{\mathrm{m}}{\Omega\,\mathrm{mm}^2}\right]$

Der errechnete Querschnitt wird auf den nächst höheren genormten Querschnitt festgelegt, der aus der für die betreffende Leitungsart bestimmten Belastungstafel entnommen wird.

Beispiel 4

Welchen Querschnitt muß bei 6% Spannungsverlust eine Cu-Speiseleitung, als Freileitung verlegt, von 500 m Länge haben, an deren Ende eine Spannung von 800 V herrschen soll und die einen Strom von 130 A überträgt? Wie groß ist die Spannung am Anfang der Leitung?

Lösung:

Es ist ratsam, für alle Leitungsaufgaben ein einfaches Leitungsbild aufzuzeichnen, wie Abb. 36 es für dieses Beispiel zeigt.

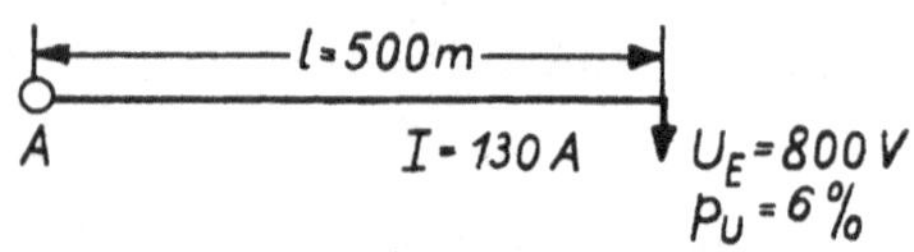

Abb. 36. Speiseleitung zum Beispiel 4

1. Querschnittsbestimmung

Nach Gl. (11) ist der Spannungsverlust:

$$\Delta U = \frac{p_U}{100} U_E = \frac{6}{100} 800\ \mathrm{V} = \underline{\underline{48\ \mathrm{V}}}$$

Nach Gl. (12) ist der Querschnitt:

$$q = \frac{2 \cdot I \cdot l}{\varkappa \cdot \Delta U} = \frac{2 \cdot 130\ \mathrm{A} \cdot 500\ \mathrm{m}}{56 \frac{\mathrm{m}}{\Omega\,\mathrm{mm}^2} 48\ \mathrm{V}} = \underline{48{,}4\ \mathrm{mm}^2} \text{ gewählt } \underline{\underline{50\ \mathrm{mm}^2}} \text{ Cu}$$

2. Prüfung auf Erwärmung

Nach Belastungstafel 9, Seite 48, kann ein Cu-Querschnitt von 50 mm² mit 231 A belastet werden, der gewählte Querschnitt ist ausreichend.

3. Nachprüfen des Spannungsverlustes

Nach Gl. (13) ist der Spannungsverlust:

$$\varDelta U = \frac{2 \cdot I \cdot l}{\varkappa \cdot q} = \frac{2 \cdot 130\,\mathrm{A} \cdot 500\,\mathrm{m}}{56 \frac{\mathrm{m}}{\Omega\,\mathrm{mm}^2} 50\,\mathrm{mm}^2} = \underline{\underline{46{,}5\,\mathrm{V}}} \qquad p_U = \frac{46{,}5\,\mathrm{V} \cdot 100}{800\,\mathrm{V}} = \underline{\underline{5{,}8\%}}.$$

4. Speisespannung

$$U_A = U_E + \varDelta U = 800\,\mathrm{V} + 46{,}5\,\mathrm{V} \approx 847\,\mathrm{V}$$

Ein in A aufgestellter Generator, der die Leitung speist, müßte für eine Spannung von 847 V ausgelegt werden.

2. Verteilungsleitungen

a) Einseitig gespeiste Leitungen

Für die Verteilungsleitung nach Abb. 37 ergeben sich mit den ein-

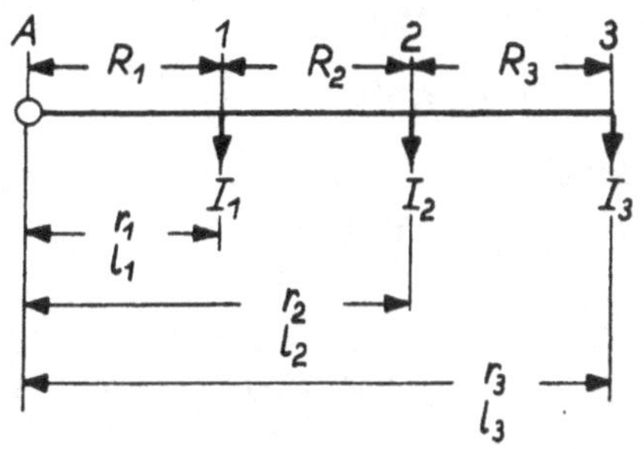

Abb. 37. Einseitig gespeiste Verteilungsleitung

gezeichneten Widerständen der einzelnen Abschnitte R_1, R_2 und R_3 die einzelnen Spannungsverluste nach Gl. (8):

$$\begin{aligned} \varDelta U_{A1} &= (I_1 + I_2 + I_3) \cdot R_1 \\ \varDelta U_{12} &= (I_2 + I_3) \cdot R_2 \\ \varDelta U_{23} &= I_3 \cdot R_3 \end{aligned}$$

Nach dem zweiten Kirchhoffschen Gesetz ist bei Verteilungsleitungen mit mehreren Abschnitten die Summe der Spannungsabfälle in den einzelnen Abschnitten gleich dem gesamten Spannungsabfall. Der Spannungsverlust der ganzen Leitung ist also:

$$\begin{aligned} \varDelta U_{A3} &= \varDelta U_{A1} + \varDelta U_{12} + \varDelta U_{23} \\ \varDelta U_{A3} &= (I_1 + I_2 + I_3) \cdot R_1 + (I_2 + I_3) \cdot R_2 + I_3 \cdot R_3 \qquad (14) \end{aligned}$$

Ordnet man die einzelnen Glieder etwas anders, nach Stromwerten:

$$\varDelta U_{A3} = I_1 \cdot R_1 + I_2 \cdot (R_2 + R_3) + I_3 \cdot (R_1 + R_2 + R_3)$$

und setzt folgende Vereinfachung ein:

$$r_1 = R_1$$
$$r_2 = R_1 + R_2$$
$$r_3 = R_1 + R_2 + R_3$$

so bezieht man dadurch die Widerstände auf den Speisepunkt A, wie das aus Abb. 37 hervorgeht. Es ergibt sich der Spannungsverlust der ganzen Leitung in der einfachen Form:

$$\Delta U_{A3} = I_1 \cdot r_1 + I_2 \cdot r_2 + I_3 \cdot r_3 \tag{15}$$

oder noch einfacher geschrieben:

$$\Delta U_{A3} = \Sigma(I \cdot r)_{A3} \tag{15a}$$

Da fast stets derartige Verteilungsleitungen mit gleichem Querschnitt aller Abschnitte verlegt werden, kann man für die Widerstände die Gl. (9) anwenden. Es wird dann der Spannungsverlust:

$$\Delta U_{A3} = \frac{I_1 \cdot l_1 + I_2 \cdot l_2 + I_3 \cdot l_3}{\varkappa \cdot q}$$

Wie oben in einfacher Form für Hin- und Rückleitung:

$$\Delta U_{A3} = \frac{2 \cdot \Sigma(I \cdot l)_{A3}}{\varkappa \cdot q} \tag{16}$$

und daraus der Querschnitt:

$$q = \frac{2 \cdot \Sigma(I \cdot l)}{\varkappa \cdot \Delta U_{A3}} \tag{17}$$

Die Werte $(I \cdot r)$ in [AΩ] bzw. $(I \cdot l)$ in [Am] werden als Strommomente bezeichnet. Als Rechenbeispiel von Gleichstrom-Verteilungsleitungen wird auf Übungsaufgabe 2 und Teil 2 über Wechselstromleitungen hingewiesen.

Verzweigt sich eine Verteilungsleitung, so wählt man einen Strang als Hauptstrang und ermittelt wie bisher seinen Querschnitt. Dann errechnet man mit diesem den Spannungsverlust auf dem Hauptstrang bis zum Verzweigungspunkt. Zieht man diesen ermittelten Wert vom gesamt zulässigen Spannungsverlust ab, so erhält man den Spannungsverlust, mit dem der Querschnitt des Abzweigstrangs zu bestimmen ist. Das folgende Beispiel soll dieses näher erläutern.

Beispiel 5

Der Cu-Querschnitt der Verteilungsleitung nach Abb. 38, als kabelähnliche Leitung verlegt, ist für 3% Spannungsverlust für eine Verbraucherspannung von 200 V zu berechnen!

Lösung:

Als Hauptleitung wird der Strang A—C—B gewählt.

a) **Berechnung des Hauptstrangs A—B**

1. Querschnittsberechnung A—B

Nach Gl. (11) ist der zulässige Spannungsverlust:

$$\Delta U = \frac{p_U}{100} \cdot U_E = \frac{3}{100} \cdot 220\ \text{V} = \underline{6{,}6\ \text{V}}$$

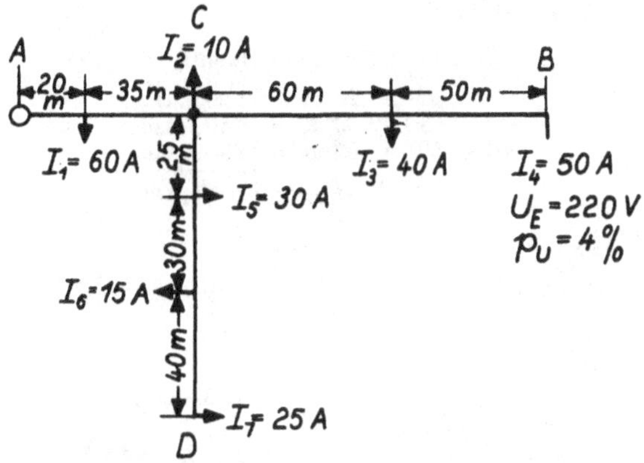

Abb. 38. Verteilungsleitung mit Abzweig zum Beispiel 5

Der Querschnitt ergibt sich aus Gl. (17):

$$q_{AB} = \frac{2 \cdot \Sigma\,(I \cdot l)}{\varkappa \cdot \Delta U} = \frac{2 \cdot 18450\ \text{Am}}{56\ \dfrac{\text{m}}{\Omega\ \text{mm}^2} \cdot 6{,}6\ \text{V}}$$

$$q_{AB} = \underline{100\ \text{mm}^2} \text{ gewählt } q_{AB} = \underline{\underline{120\ \text{mm}^2}}\ \text{Cu}$$

Summe der Strommomente

$$\begin{aligned} 60\ \text{A} \cdot 20\ \text{m} &= 1\,200\ \text{Am} \\ (10 + 30 + 15 + 25)\ \text{A} \cdot 55\ \text{m} &= 4\,400\ \text{Am} \\ 40\ \text{A} \cdot 115\ \text{m} &= 4\,600\ \text{Am} \\ 50\ \text{A} \cdot 165\ \text{m} &= \underline{8\,250\ \text{Am}} \\ \Sigma\,(I \cdot l)_{AB} &= 18\,450\ \text{Am} \end{aligned}$$

2. Prüfung auf Erwärmung

Der Gesamtstrom ist:

$$I_{Ges} = (60 + 80 + 40 + 50)\ \text{A} = 230\ \text{A}$$

Nach Belastungstafel 3, Seite 12, darf ein Cu-Querschnitt von 120 mm² nach Spalte 4, als kabelähnliche Leitung verlegt, mit 310 A belastet werden. Der gewählte Querschnitt reicht aus.

3. Nachprüfen des Spannungsverlustes

Nach Gl. (16) ist:

$$\Delta U_{AB} = \frac{2 \cdot \Sigma\,(I \cdot l)_{AB}}{\varkappa \cdot q_{AB}} = \frac{2 \cdot 18450\ \text{Am}}{56\ \dfrac{\text{m}}{\Omega\ \text{mm}^2} \cdot 120\ \text{mm}^2} = \underline{5{,}5\ \text{V}}$$

b) **Berechnung der Abzweigleitung C—D**

1. Ermittlung des Spannungsverlustes A—C

Nach Gl. (16) ist:

$$\Delta U_{AC} = \frac{2\,\Sigma\,(I \cdot l)_{AB}}{\varkappa \cdot q} = \frac{2 \cdot 10550 \text{ Am}}{56 \frac{\text{m}}{\Omega \text{ mm}^2} \cdot 120 \text{ mm}^2}$$

$$\Delta U_{AC} = 3{,}14 \text{ V}$$

Summe der Strommomente

$$\begin{aligned} 60 \text{ A} \cdot 20 \text{ m} &= 1200 \text{ Am} \\ 80 \text{ A} \cdot 55 \text{ m} &= 4400 \text{ Am} \\ (40 + 50) \text{ A} \cdot 55 \text{ m} &= \underline{4950 \text{ Am}} \\ \Sigma\,(I \cdot l)_{AC} &= 10550 \text{ Am} \end{aligned}$$

2. Ermittlung des Spannungsverlustes C—D

$$\Delta U_{CD} = \Delta U - \Delta U_{AC} = 6{,}6 \text{ V} - 3{,}14 \text{ V} = \underline{3{,}46 \text{ V}}$$

3. Querschnittsberechnung C—D

Nach Gl. (16) ist

$$q_{CD} = \frac{2 \cdot \Sigma\,(I \cdot l)_{CD}}{\varkappa \cdot \Delta U_{CD}} = \frac{2 \cdot 3950 \text{ Am}}{56 \frac{\text{m}}{\Omega \text{ mm}^2} \cdot 3{,}46 \text{ V}}$$

$$q_{CD} = \underline{40{,}8 \text{ mm}^2} \text{ gewählt } \underline{\underline{50 \text{ mm}^2}}$$

Summe der Strommomente

$$\begin{aligned} 30 \text{ A} \cdot 25 \text{ m} &= 750 \text{ Am} \\ 15 \text{ A} \cdot 55 \text{ m} &= 825 \text{ Am} \\ 25 \text{ A} \cdot 95 \text{ m} &= \underline{2375 \text{ Am}} \\ \Sigma\,(I \cdot l)_{CD} &= 3950 \text{ Am} \end{aligned}$$

4. Prüfung auf Erwärmung

Der Gesamtstrom der Abzweigleitung ist:

$$I_{CD} = (25 + 15 + 30) \text{ A} = 70 \text{ A}$$

Nach Spalte 4 der Belastungstafel 3, Seite 12, darf ein Cu-Querschnitt von 50 mm², als kabelähnliche Leitung verlegt, mit 178 A belastet werden. Der gewählte Querschnitt reicht aus.

5. Nachprüfen des Spannungsverlustes C—D

Nach Gl. (16) ist:

$$\Delta U_{CD} = \frac{2 \cdot \Sigma\,(I \cdot l)_{CD}}{\varkappa \cdot q} = \frac{2 \cdot 3950 \text{ Am}}{56 \frac{\text{m}}{\Omega \text{ mm}^2} \cdot 50 \text{ mm}^2} = 2{,}82 \text{ V}$$

c) **Gesamte Spannungsverteilung**

$$U_B = U_E = \underline{220 \text{ V}} \qquad U_A = U_E + \Delta U_{AB} = 220 \text{ V} + 5{,}5 \text{ V} = \underline{225 \text{ V}}$$

$$U_C = U_A - \Delta U_{AC} = 225{,}5 \text{ V} - 3{,}14 \text{ V} = \underline{222{,}36 \text{ V}}$$

$$U_D = U_C - \Delta U_{CD} = 222{,}36 \text{ V} - 2{,}82 \text{ V} = \underline{219{,}54 \text{ V}}$$

b) Doppelseitig gespeiste Leitungen

Da es mehrere Vorteile bringt, werden Verteilungsleitungen, wenn es möglich ist, von beiden Seiten gespeist. Vor der Querschnittsberechnung solcher doppelseitig gespeisten Leitungen muß die Stromverteilung in ihr ermittelt werden, d. h. es müssen die von beiden Seiten einfließenden Speiseströme I_A und I_B bestimmt werden. Dazu geht man wieder, wie bei den einseitig gespeisten Leitungen, von den Spannungsverlusten der einzelnen Leitungsabschnitte aus. Für die Leitung der Abb. 39 sind diese:

$$\Delta U_{A1} = I_A \cdot R_1$$
$$\Delta U_{12} = (I_A - I_1) \cdot R_2$$
$$\Delta U_{23} = (I_A - I_1 - I_2) \cdot R_3$$
$$\Delta U_{3B} = (I_A - I_1 - I_2 - I_3) \cdot R_4$$

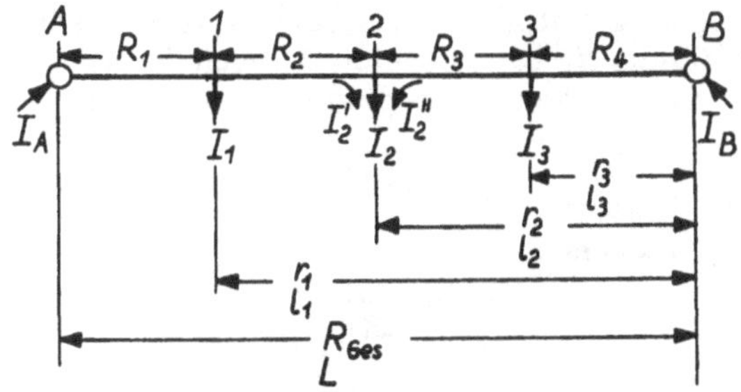

Abb. 39. Doppelseitig gespeiste Leitung

Wird vorerst angenommen, daß beide Speisepunkte A und B gleiche Spannung haben, daß also $U_A = U_B$ ist, so ist die Summe der einzelnen Spannungsverluste gleich Null.

$$\Delta U_{AB} = I_A \cdot R_1 + (I_A - I_1) \cdot R_2 + (I_A - I_1 - I_2) \cdot R_3 + \\ + (I_A - I_1 - I_2 - I_3) \cdot R_4 = 0$$

Daraus läßt sich der Speisestrom errechnen:

$$I_A = \frac{I_1 \cdot R_2 + (I_2 + I_2) \cdot R_3 + (I_1 + I_2 + I_3) \cdot R_4}{R_1 + R_2 + R_3 + R_4} \qquad (18)$$

Ordnet man, wie bei den einfach gespeisten Leitungen, die Glieder etwas anders an:

$$I_A = \frac{I_1 \cdot (R_2 + R_3 + R_4) + I_2 \cdot (R_3 + R_4) + I_3 \cdot R_4}{R_1 + R_2 + R_3 + R_4}$$

und setzt wieder folgende Abkürzungen ein:

$$R_1 + R_2 + R_3 + R_4 = R_{Ges}$$
$$R_2 + R_3 + R_4 = r_1$$
$$R_3 + R_4 = r_2$$
$$R_4 = r_3$$

so ergibt sich der Speisestrom im Punkt A:

$$I_A = \frac{I_1 \cdot r_1 + I_2 \cdot r_2 + I_3 \cdot r_3}{R_{Ges}} \tag{19}$$

In einfacher Form geschrieben:

$$\overrightarrow{I_A} = \frac{\Sigma \overleftarrow{(I \cdot r)}_{BA}}{R_{Ges}} \tag{19a}$$

Führt man die Leitung mit gleichem Querschnitt aus, können anstatt der Abschnittswiderstände R_1 bis R_4 deren Längen l_1 bis l_4 gesetzt werden. Der Speisestrom vom linken Speisepunkt A ist dann:

$$\overrightarrow{I_A} = \frac{\Sigma \overleftarrow{(I \cdot l)}_{BA}}{L} \tag{20}$$

vom rechten entsprechend:

$$\overleftarrow{I_B} = \frac{\overrightarrow{\Sigma (I \cdot l)_{AB}}}{L} \tag{20a}$$

Die Widerstandsbezeichnungen r_1 bis r_4 und R_{Ges} sowie die Längen l_1 bis l_4 und L sind in die Abb. 39 mit eingetragen. Man ersieht daraus, daß, um den linken Speisestrom I_A zu berechnen, die Widerstände bzw. Längen vom rechten Speisepunkt B zu bemessen sind. Die Strommomente müssen bei doppelseitig gespeisten Leitungen zur Berechnung eines Speisepunktes immer auf den andern bezogen werden. Die Pfeile in den Gl. (19a) und (20) sollen dieses andeuten. (Bei der Berechnung eines Balkens auf zwei Stützen in der Mechanik ist es bei der Aufstellung der Biegungsmomente ebenso.)

Hat man einen Speisestrom berechnet, z. B. I_A, so zieht man von ihm so lange nach rechts fortschreitend einen Verbraucherstrom nach dem anderen ab, bis man einen Abnehmer findet, der von beiden Seiten gespeist wird, beispielsweise in der Leitung Abb. 39 der Abnehmer 2. Dann ist:

$$I_2 = I_A - I_1 \tag{21}$$

$$I_2'' = I_2 - I_2' \quad \text{oder} \quad I_2'' = I_B - I_3 \tag{21a}$$

In diesem Punkt herrscht die tiefste Spannung der Leitung, der Spannungsverlust ist, nach beiden Seiten gemessen, gleich groß. Man kann daher in diesem Punkt die Leitung auftrennen und in zwei einseitig gespeiste Leitungen zerlegen. Für die Leitung der Abb. 39 ergibt sich dann folgende Abb. 40:

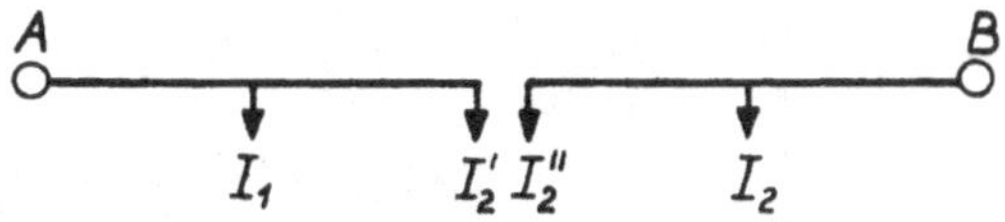

Abb. 40. Auftrennen der doppelseitig gespeisten Leitung der Abb. 39

Die Querschnittsberechnung kann jetzt, wie im Abs. III. A. 2a angegeben, mit Gl. (17) vorgenommen werden. Es genügt, eine der beiden Leitungsstücke zu berechnen, da die Ableitung der Gl. (20) auf Annahme gleichen Querschnitts für die ganze Leitung beruht.

Beispiel 6

Wie groß ist der Al-Querschnitt, der in Rohr verlegten Verteilungsleitung nach Abb. 41 bei 2,5% Spannungsverlust und 220 V Netzspannung?

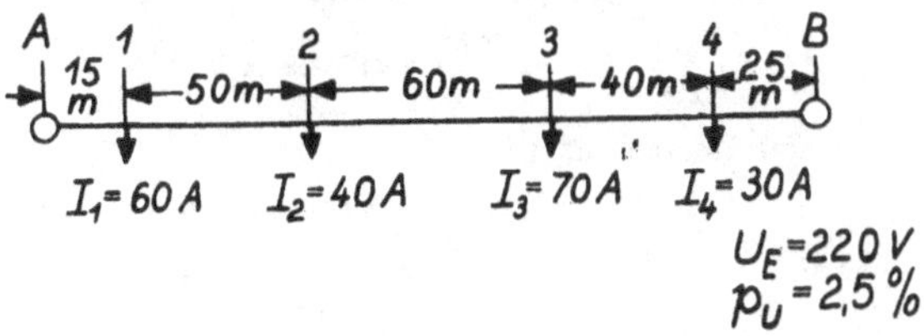

Abb. 41. Doppelseitig gespeiste Verteilungsleitung zum Beispiel 6

Lösung:

1. Bestimmung des Speisestroms

Nach Gl. (20) ist der linke Speisestrom

$$\overrightarrow{I_A} = \frac{\overleftarrow{\Sigma (I \cdot l)_{BA}}}{L} = \frac{20800 \text{ Am}}{190 \text{ m}}$$

$$I_A = \underline{\underline{109{,}5 \text{ A}}}$$

Dann ist der rechte Speisestrom:

$$I_B = I - I_A = 200 \text{ A} - 109{,}5 \text{ A} = \underline{90{,}5 \text{ A}}$$

Summe der Strommomente auf B bezogen

$$\begin{aligned} 30 \text{ A} \cdot 25 \text{ m} &= 750 \text{ Am} \\ 70 \text{ A} \cdot 65 \text{ m} &= 4\,550 \text{ Am} \\ 40 \text{ A} \cdot 125 \text{ m} &= 5\,000 \text{ Am} \\ 60 \text{ A} \cdot 175 \text{ m} &= \underline{10\,500 \text{ Am}} \\ \Sigma (I \cdot l)_{BA} &= 20\,800 \text{ Am} \end{aligned}$$

2. Feststellen des Punktes tiefster Spannung

Entsprechend Gl. (21) ist:

$$\begin{aligned} I_A &= 109{,}5\ \text{A} \\ -\,I_1 &= \underline{\ 60{,}0\ \text{A}} \\ & \ \ 49{,}5\ \text{A} \\ -\,I_2 &= \underline{\ 40{,}0\ \text{A}} \\ I_3' &= \ \ \ 9{,}5\ \text{A} \qquad I_3'' = I_3 - I_3' = 70\ \text{A} - 9{,}5\ \text{A} = 60{,}5\ \text{A} \end{aligned}$$

Im Punkt 3 herrscht die tiefste Spannung, die Leitung kann hier aufgeschnitten werden, wie Abb. 42 es zeigt.

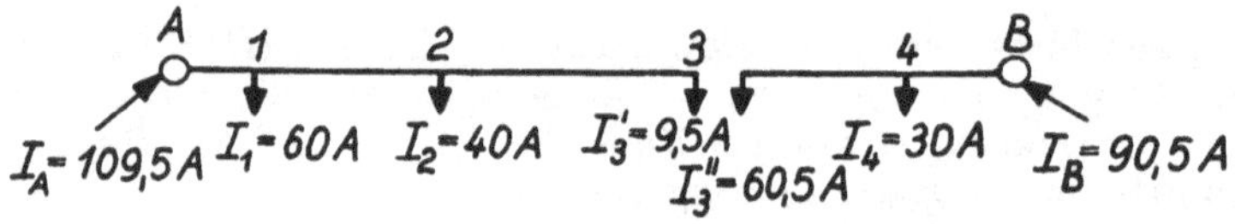

Abb. 42. Aufgetrennte Leitung der Abb. 41

3. Querschnittsberechnung

Nach Gl. (11) ist der zulässige Spannungsverlust:

$$\Delta U = \frac{p_U}{100} \cdot U_B = \frac{2{,}5}{100} \cdot 220\ \text{V} = \underline{5{,}5\ \text{V}}$$

Nach Gl. (17) ist der Querschnitt:

$$q = \frac{2 \cdot \Sigma\,(I \cdot l)_{B3}}{\varkappa \cdot \Delta U} = \frac{2 \cdot 4683\ \text{Am}}{35\ \dfrac{\text{m}}{\Omega\ \text{mm}^2} \cdot 5{,}5\ \text{V}}$$

$$\underline{q = 48{,}7\ \text{mm}^2} \qquad \underline{\underline{\text{gewählt } 50\ \text{mm}^2\ \text{Al}}}$$

Zur Berechnung des Querschnitts wurde die rechte Teilleitung gewählt, weil ihre Berechnung, nur zwei Abnehmer, einfacher ist.

Summe der Strommomente

$$\begin{aligned} 30\ \text{A} \cdot 25\ \text{m} &= \ \ 750\ \text{Am} \\ 60{,}5\ \text{A} \cdot 65\ \text{m} &= \underline{3933\ \text{Am}} \\ \Sigma\,(I \cdot l)_{B3} &= 4683\ \text{Am} \end{aligned}$$

4. Prüfung auf Erwärmung

Der größte Strom ist der Speisestrom $I_A = 109{,}5$ A. Nach Spalte 2 der Belastungstafel 4 (S. 13) kann ein Al-Querschnitt von 50 mm² in Rohr verlegt einen höchstzulässigen Strom von 110 A führen, der gewählte Querschnitt reicht aus.

5. Nachprüfen des Spannungsverlustes

Nach Gl. (16) ist

$$\Delta U = \frac{2 \cdot \Sigma\,(I \cdot l)_{B3}}{\varkappa \cdot q} = \frac{2 \cdot 4683\ \text{Am}}{35\ \dfrac{\text{m}}{\Omega\ \text{mm}^2} \cdot 50\ \text{mm}^2} = \underline{5{,}35\ \text{V}} \qquad p_U = \frac{5{,}35\ \text{V} \cdot 100}{220\ \text{V}} = \underline{2{,}43\%}$$

Speisespannungen: $U_A = U_B = 220\ \text{V} + 5{,}35\ \text{V} = \underline{\underline{225\ \text{V}}}$

Sind die Spannungen in den Speisepunkten nicht gleich groß, so fließt vom höheren zum tieferen Potential ein Ausgleichstrom I_{Aus}, der sich den Belastungsströmen überlagert. Seine Größe ergibt sich zu:

$$I_{Aus} = \frac{U_A - U_B}{R_{AB}} \tag{22}$$

Diese Überlagerung ergibt, daß bei der aufgeschnittenen Leitung auf der Seite des höheren Potentials der Ausgleichstrom zu den Belastungsströmen addiert, auf der Seite des niedrigeren Potentials subtrahiert werden muß. Folgendes Beispiel 7 soll das noch deutlicher machen.

Beispiel 7

Die Spannung in A der Leitung des Beispiels 6 soll 230 V, die in B nur 225 V betragen. Wie groß ist der Ausgleichstrom und die Stromverteilung im Abnehmerpunkt 3? Welche Spannung herrscht in diesem Punkt? Reicht der gewählte Querschnitt noch aus?

Lösung:

1. Berechnung des Ausgleichsstroms

Der Widerstand der Leitung ist:

$$R_{AB} = \frac{2 \cdot l}{\varkappa \cdot q} = \frac{2 \cdot 190 \text{ m}}{35 \frac{\text{m}}{\Omega \text{ mm}^2} \cdot 50 \text{ mm}^2} = 0{,}217 \ \Omega$$

Nach Gl. (22) ist der Ausgleichstrom:

$$I_{Aus} = \frac{U_A - U_B}{R_{AB}} = \frac{230 \text{ V} - 225 \text{ V}}{0{,}217 \ \Omega} = \underline{\underline{23 \text{ A}}}$$

2. Stromverteilung im Abnehmerpunkt 3

Die Speiseströme sind jetzt:

$I'_A = I_A + I_{Aus} = 109{,}5 \text{ A} + 23 \text{ A} = 132{,}5 \text{ A}$ auf Seite des höheren Potentials; auf Seite des niedrigeren Potentials $I'_B = I_B - I_{Aus} = 90{,}5 \text{ A} - 23 \text{ A} = 67{,}5 \text{ A}$.

Die Stromverteilung ergibt sich aus der folgenden Abb. 43.

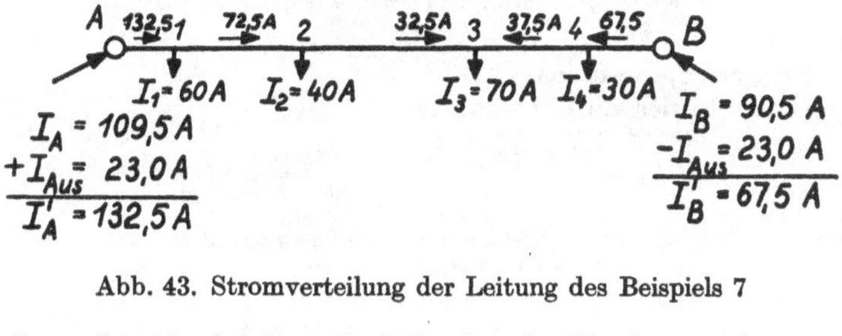

Abb. 43. Stromverteilung der Leitung des Beispiels 7

Aus ihr ergibt sich, daß jetzt die Teilströme des Abnehmers 3 betragen:

$I'_3 = 32{,}5 \text{ A} \qquad I''_3 = 37{,}5 \text{ A}$

3. Spannung im Abnehmerpunkt 3

Der Spannungsverlust von A nach 3 ist nach Gl. (16):

$$\Delta U_{A3} = \frac{2 \cdot \Sigma (I \cdot l)_{A3}}{\varkappa \cdot q} = \frac{2 \cdot 7560 \text{ Am}}{35 \frac{\text{m}}{\Omega \text{ mm}^2} \cdot 50 \text{ mm}^2}$$

$$\Delta U_{A3} = \underline{8{,}64 \text{ V}}$$

$$U_3 = U_A - \Delta U_{A3} = 230 \text{ V} - 8{,}64 \text{ V} = \underline{\underline{221{,}36 \text{ V}}}$$

Der Querschnitt von 50 mm² reicht jetzt nicht mehr aus, da der Spannungsverlust 8,64 V anstatt 5,5 V beträgt. Der Querschnitt müßte verstärkt werden. (Siehe Übungsaufgabe 4.)

Summe der Strommomente A 3

$$\begin{aligned} 60 \text{ A} \cdot 15 \text{ m} &= 900 \text{ Am} \\ 40 \text{ A} \cdot 65 \text{ m} &= 2600 \text{ Am} \\ 32{,}5 \text{ A} \cdot 125 \text{ m} &= 4060 \text{ Am} \\ \hline \Sigma (I \cdot l)_{A3} &= 7560 \text{ Am} \end{aligned}$$

Leitungen mit Abzweigen werden im allgemeinen wie die einseitig gespeisten mit Abzweigen behandelt. Folgende Leitung nach Abb. 44 stellt einen Sonderfall dar, der nicht ohne weiteres zu berechnen ist.

Beispiel 8

Wie groß ist der Cu-Querschnitt der doppelseitig gespeisten Leitung nach Abb. 44 bei 3% Spannungsverlust, 220 V Netzspannung und gleichen Speisespannungen in A und B?

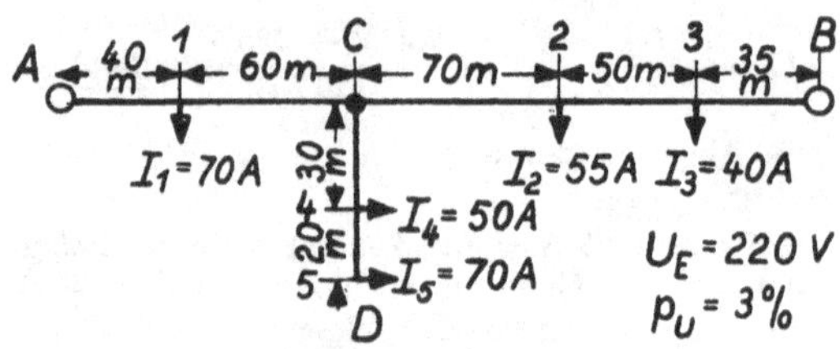

Abb. 44. Doppelseitig gespeiste Leitung mit Abzweig

Lösung:

1. Bestimmung des Speisestroms

Nach Gl. (20) ist der linke Speisestrom:

$$\overrightarrow{I_A} = \frac{\overleftarrow{\Sigma (I \cdot l)_{BA}}}{L} = \frac{39725 \text{ Am}}{255 \text{ m}} = \underline{\underline{155{,}8 \text{ A}}}$$

Summe der Strommomente bezogen auf B

$$\begin{aligned} 40 \text{ A} \cdot 35 \text{ m} &= 1\,400 \text{ Am} \\ 55 \text{ A} \cdot 85 \text{ m} &= 4\,675 \text{ Am} \\ 120 \text{ A} \cdot 155 \text{ m} &= 18\,600 \text{ Am} \\ 70 \text{ A} \cdot 215 \text{ m} &= 15\,050 \text{ Am} \\ \hline \Sigma (I \cdot l) &= 39\,725 \text{ Am} \end{aligned}$$

2. Feststellen des Punktes tiefster Spannung

$$\begin{array}{rl} I_A = & 155{,}8\ \text{A} \\ -\ I_1 = & \underline{70{,}0\ \text{A}} \\ & 85{,}8\ \text{A} \end{array}$$

Der Abzweig fällt in den Punkt tiefster Spannung.

Eine Lösung ist ohne weiteres nicht möglich, da nicht bekannt ist, wie der zulässige Spannungsverlust ΔU auf den des Hauptstrangs ΔU_1 und auf den des Abzweigs

$$\Delta U_2 = \Delta U - \Delta U_1$$

aufgeteilt werden muß. Die Aufteilung wird dann am günstigsten sein, wenn das gesamte Volumen beider Leitungen, berechnet mit diesen Spannungsverlusten, ein Minimum ist. Nach der Theorie der Maxima und Minima kann dieses Minimum gefunden werden, wenn man die Gleichung für das Volumen differenziert und den 1. Differentialquotienten gleich Null setzt [8]. Mit den Bezeichnungen der Abb. 45 ergeben sich folgende Beziehungen:

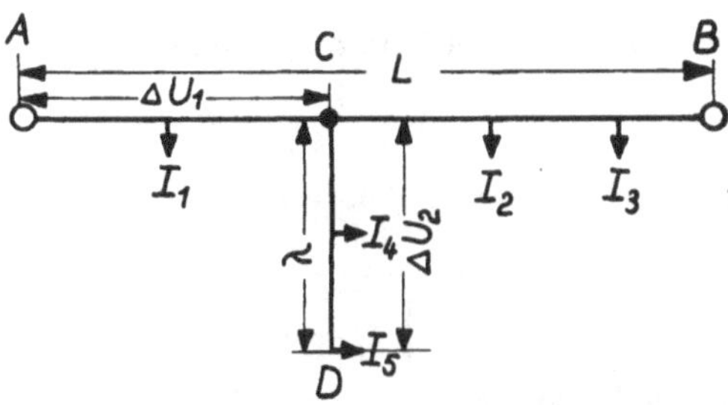

Abb. 45. Doppelseitig gespeiste Leitung mit Abzweig im Punkte tiefster Spannung

Der Querschnitt der Hauptleitung, Gl. (17), ist

$$q_1 = \frac{2 \cdot \Sigma\,(I \cdot l)_{AC}}{\varkappa \cdot \Delta U_1} \text{ ihr Volumen also } V_1 = q_1 \cdot L = \frac{2 \cdot \Sigma\,(I \cdot l)_{AC}}{\varkappa \cdot \Delta U_1}\,L$$

Beachte, daß, wie in den vorhergehenden Beispielen gerechnet, die Strommomente von einem Speisepunkt bis zum Abzweigpunkt einzusetzen sind! Der Querschnitt der Abzweigleitung ist:

$$q_2 = \frac{2 \cdot \Sigma\,(I \cdot l)_{CD}}{\varkappa \cdot \Delta U_2} = \frac{2 \cdot \Sigma\,(I \cdot l)_{CD}}{\varkappa \cdot (\Delta U - \Delta U_1)}$$

ihr Volumen also:

$$V_2 = q_2 \cdot \lambda = \frac{2 \cdot \Sigma\,(I \cdot l)_{CD}}{\varkappa\,(\Delta U - \Delta U_1)} \cdot \lambda$$

Das gesamte Volumen beider Stränge für Hin- und Rückleitung ist:

$$V = 2 \cdot [V_1 + V_2] = 2\left[\frac{2 \cdot \Sigma (I \cdot l)_{AC}}{\varkappa \cdot \Delta U_1} \cdot \mathrm{L} + \frac{2 \cdot \Sigma (I \cdot l)_{CD}}{\varkappa \cdot (\Delta U - \Delta U_1)} \cdot \lambda\right]$$

$$V = \frac{4}{\varkappa}\left[\frac{\Sigma (I \cdot l)_{AC} \cdot L}{\Delta U_1} + \frac{\Sigma (I \cdot l)_{CD} \cdot \lambda}{(\Delta U - \Delta U_1)}\right]$$

Folgende Vereinfachungen werden eingeführt:

$$\Sigma(I \cdot l)_{AC} \cdot L = a \qquad \Sigma(I \cdot l)_{CD} \cdot \lambda = b$$

$$\Delta U = c \qquad \Delta U_1 = x$$

Damit ergibt sich das gesamte Volumen:

$$V = \frac{4}{\varkappa}\left[\frac{a}{x} + \frac{b}{c - x}\right] \tag{23}$$

Die Gl. (23) differenziert und dieser Differentialquotient gleich Null gesetzt:

$$\frac{4}{\varkappa}\left[-\frac{a}{x^2} + \frac{b}{(c - x)^2}\right] = 0$$

Da $\frac{4}{\varkappa}$ nicht gleich Null ist, erhält man die quadratische Gleichung:

$$-\frac{a}{x^2} + \frac{b}{(c - x)^2} = 0$$

Diese Gleichung aufgelöst, ergibt den Wert:

$$x = \frac{c}{1 + \sqrt{\frac{b}{a}}}$$

Hierin die Werte wieder eingesetzt:

$$\Delta U_1 = \frac{\Delta U}{1 + \sqrt{\frac{\Sigma (I \cdot l)_{CD} \cdot \lambda}{\Sigma (I \cdot l)_{AC} \cdot L}}} \tag{24}$$

Fortsetzung der Lösung des Beispiels 8

a) Hauptstrang A—B

1. Ermittlung der Spannungsverluste

Nach Gl. (11) ist:

$$\Delta U = \frac{p_U}{100} \cdot U_E = \frac{3}{100} \cdot 220 \text{ V} = \underline{6{,}6 \text{ V}}$$

Dieser Spannungsverlust muß nach Gl. (24) aufgeteilt werden:

$$\Delta U_1 = \frac{\Delta U}{1 + \sqrt{\frac{\Sigma (I \cdot l)_{CD} \cdot \lambda}{\Sigma (I \cdot l)_{AC} \cdot L}}} = \frac{6{,}6 \text{ V}}{1 + \sqrt{\frac{5000 \text{ Am} \cdot 50 \text{ m}}{11\,380 \text{ Am} \cdot 255 \text{ m}}}}$$

$$\Delta U_1 = \frac{6{,}6\ \text{V}}{1 + \sqrt{\frac{250\,000}{2\,900\,000}}} = \frac{6{,}6\ \text{V}}{1 + \sqrt{0{,}0861}}$$

$$\Delta U_1 = \frac{6{,}6\ \text{V}}{1{,}2996} = \underline{\underline{5{,}1\ \text{V}}} = \Delta U_{AC}$$

Summe der Strommomente

$$\begin{aligned} 50\ \text{A} \cdot 30\ \text{m} &= 1\,500\ \text{Am} \\ 70\ \text{A} \cdot 50\ \text{m} &= 3\,500\ \text{Am} \\ \hline \Sigma (I \cdot l)_{CD} &= 5\,000\ \text{Am} \end{aligned}$$

$$\begin{aligned} 70\ \text{A} \cdot 40\ \text{m} &= 2\,800\ \text{Am} \\ 85{,}8\ \text{A} \cdot 100\ \text{m} &= 8\,580\ \text{Am} \\ \hline \Sigma (I \cdot l)_{AC} &= 11\,380\ \text{Am} \end{aligned}$$

2. Querschnittsberechnung

Nach Gl. (17) ist der Querschnitt:

$$q_{AB} = \frac{2 \cdot \Sigma (I \cdot l)_{AC}}{\varkappa \cdot \Delta U_1} = \frac{2 \cdot 11\,800\ \text{Am}}{56 \frac{\text{m}}{\Omega\ \text{mm}^2} \cdot 5{,}1\ \text{V}}$$

$$\underline{q_{AB} = 80\ \text{mm}^2} \quad \text{gewählt} \quad \underline{\underline{q_{AB} = 95\ \text{mm}^2\ \text{Cu}}}$$

Summe der Strommomente

$$\begin{aligned} 70\ \text{A} \cdot 40\ \text{m} &= 2\,800\ \text{Am} \\ 85{,}8\ \text{A} \cdot 100\ \text{m} &= 8\,500\ \text{Am} \\ \hline \Sigma (I \cdot l)_{AB} &= 11\,380\ \text{Am} \end{aligned}$$

3. Nachprüfen der Erwärmung

Nach Belastungstafel 10, Spalte 3, S. 57 kann ein Zweileiterkabel mit einem Cu-Querschnitt von 95 mm² mit einem Strom von 355 A belastet werden. Da der Speisestrom $I_A = 155{,}8$ A beträgt, reicht der Querschnitt aus.

b) Abzweigleitung C—D

1. Ermittlung des Spannungsverlustes A—C

Nach Gl. (16) ist:

$$\Delta U_{AC} = \frac{2 \cdot \Sigma (I \cdot l)_{AC}}{\varkappa \cdot q_{AB}} = \frac{2 \cdot 11\,380\ \text{Am}}{56 \frac{\text{m}}{\Omega\ \text{mm}^2} \cdot 95\ \text{mm}^2} = \underline{4{,}28\ \text{V}}$$

2. Ermittlung des Spannungsverlustes C—D

$$\Delta U_{CD} = \Delta U - \Delta U_{AC} = 6{,}6\ \text{V} - 4{,}28\ \text{V} = \underline{2{,}32\ \text{V}}$$

3. Querschnittsberechnung C—D

Nach Gl. (17) ist

$$q_{CD} = \frac{2 \cdot \Sigma (I \cdot l)_{CD}}{\varkappa \cdot \Delta U_{CD}} = \frac{2 \cdot 5000\ \text{Am}}{56 \frac{\text{m}}{\Omega\ \text{mm}^2} \cdot 2{,}32\ \text{V}}$$

$$q_{CD} = \underline{77\ \text{mm}^2} \qquad \text{gewählt} \ \underline{\underline{70\ \text{mm}^2\ \text{Cu}}}$$

Summe der Strommomente

$$50\ \text{A} \cdot 30\ \text{m} = 1500\ \text{Am}$$
$$70\ \text{A} \cdot 50\ \text{m} = 3500\ \text{Am}$$
$$\Sigma\ (I \cdot l)_{CD} = 5000\ \text{Am}$$

4. Prüfen auf Erwärmung

Ein Cu-Querschnitt von 70 mm² kann nach Tafel 10, S. 57 mit 280 A belastet werden. Der gewählte Querschnitt reicht aus.

5. Nachprüfen des Spannungsverlustes

Nach Gl. (16) ist

$$\Delta U_{CD} = \frac{2 \cdot \Sigma\ (I \cdot l)_{CD}}{\varkappa \cdot q_{CD}} = \frac{2 \cdot 5000\ \text{Am}}{56\ \frac{\text{m}}{\Omega\ \text{mm}^2} \cdot 79\ \text{mm}^2} = \underline{2{,}56\ \text{V}}$$

$$\Delta U_{AD} = \Delta U_{AC} + \Delta U_{CD} = 4{,}28\ \text{V} + 2{,}56\ \text{V} = \underline{6{,}84\ \text{V}}$$

$$p_U = \frac{6{,}84\ \text{V} \cdot 100}{220\ \text{V}} = \underline{3{,}1\%}.$$ Das kann noch als zulässig angesehen werden.

Ergibt sich also bei der Feststellung des Punktes tiefster Spannung, daß der Abzweigpunkt einer Nebenleitung mit diesem zusammenfällt, so muß nach Gl. (24) der zulässige Spannungsverlust ermittelt und damit der Querschnitt des Hauptstrangs errechnet werden.

Die in Abb. 46a dargestellte Leitung bezeichnet man als Ringleitung. Um sie zu berechnen, schneidet man sie im Speisepunkt A auf und erhält eine doppelseitig gespeiste Leitung, Abb. 46b, die mit Hilfe der bisher abgeleiteten Gleichungen berechnet werden kann.

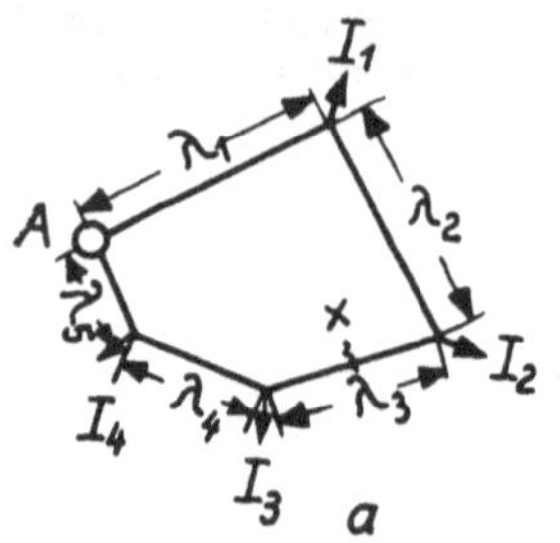

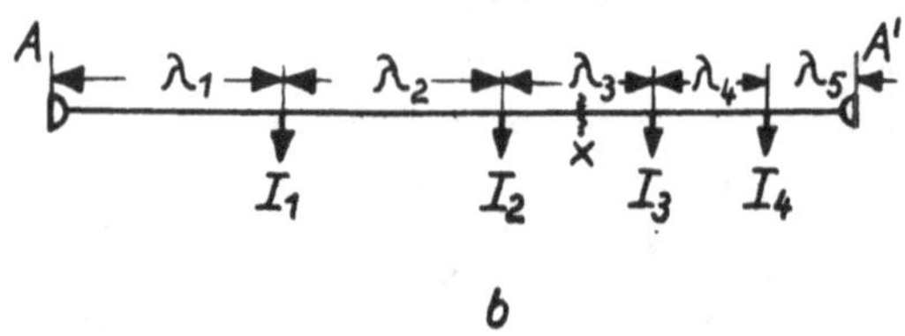

Abb. 46. Ringleitung

a) In geschlossener Form b) Aufgeschnitten als doppelseitig gespeiste Leitung

Doppelseitig gespeiste Leitungen und Ringleitungen haben den Vorteil, daß sie geringeren Querschnitt benötigen als einseitig gespeiste Leitungen (siehe Übungsaufgabe 6). Weiter ist ihre Betriebssicherheit viel größer. Tritt z. B. an der Leitung der Abb. 46 der bezeichneten Stelle (×) ein Leitungsbruch auf, so können alle Abnehmer, wenn auch etwas eingeschränkt, weiter versorgt werden. Aus diesen wirtschaftlichen und betriebstechnischen Gründen sucht man vor allem bei Wechsel- und Drehstromversorgung die einzelnen Leitungsstränge zu Ringen zu schließen oder sie doppelseitig zu speisen.

c) Dreileiteranlagen

Zum Schluß dieses Abschnitts über die Berechnung einfacher Gleichstromleitungen soll an Hand eines Beispiels noch ein Versorgungssystem besprochen werden, das überall, wo noch Gleichstrom zur Netzversorgung verwandt wird, in Betrieb ist.

Beispiel 9:

a) Am Ende einer 360 m langen Cu-Leitung sollen 40 Glühlampen je 75 W mit einer Spannung von 220 V versorgt werden. Wie stark muß bei 5% Spannungsverlust der Querschnitt sein?

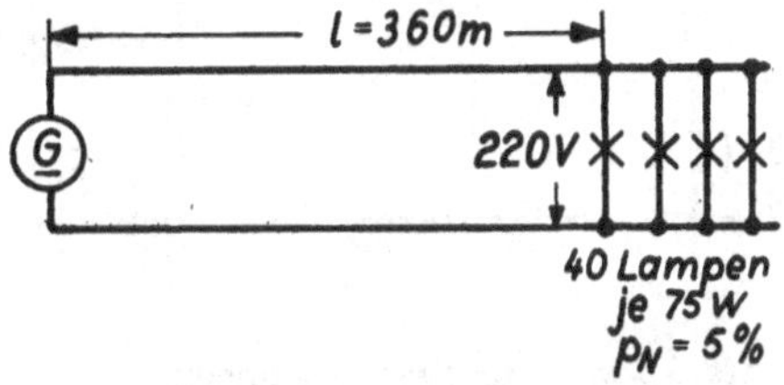

Abb. 47. Speiseleitung des Beispiels 9

Lösung:

Die Verbraucherleistung am Ende ist:

$$N_E = 40 \cdot 75\,\mathrm{W} = 3000\ \mathrm{W}$$

Der Strom auf der Leitung ist:

$$I = \frac{N_E}{U_E}$$

Nach Gl. (11) ist der Spannungsverlust:

$$\Delta U = \frac{p_U}{100} U_E$$

Nach Gl. (12) ist der Querschnitt:

$$q = \frac{2 \cdot I \cdot l}{\varkappa \cdot \Delta U}$$

Setzt man in die letzte Gleichung zur besseren Übersicht der hieraus abzuleitenden wichtigen Tatsache die Werte für I und ΔU ein, so wird der Querschnitt:

$$q = \frac{2 \cdot N_E \cdot l \cdot 100}{\varkappa \cdot U_E \cdot p_U \cdot U_E} = \frac{200 \cdot N_E \cdot l}{\varkappa \cdot U_E^2 \cdot p_U} \tag{25}$$

und die Werte des Beispiels 9 eingesetzt:

$$q = \frac{200 \cdot N_E \cdot l}{\varkappa \cdot U_E^2 \cdot p_U} = \frac{200 \cdot 3000\ \mathrm{W} \cdot 360\ \mathrm{m}}{56\ \frac{\mathrm{m}}{\Omega\ \mathrm{mm}^2} \cdot 220^2\ \mathrm{V}^2 \cdot 5} = \underline{\underline{16\ \mathrm{mm}^2}}$$

b) Zur Versorgung der gleichen Anzahl Lampen soll jetzt die Spannung im Kraftwerk verdoppelt werden, etwa dadurch, daß zwei gleich große Generatoren von je 220 V Nennspannung hintereinander geschaltet werden (Abb. 48), wobei der Spannungsverlust der Leitungen vernachlässigt wird. Um die gleichen Lampen für 220 V verwenden zu können, werden immer je zwei hintereinander geschaltet, wie es Abb. 48 zeigt. Wie groß muß jetzt der Leiterquerschnitt sein?

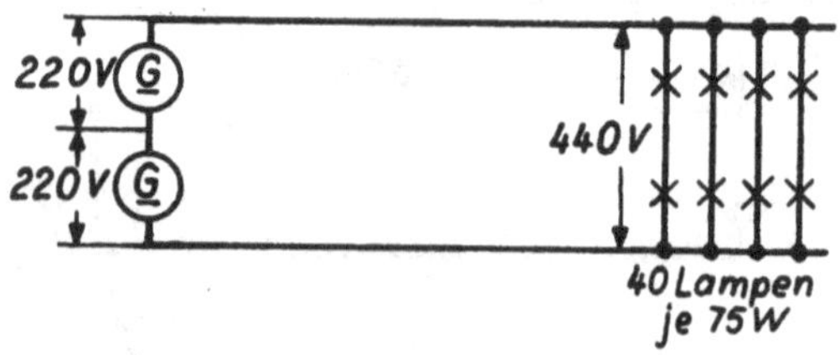

Abb. 48. Speiseleitung bei verdoppelter Spannung

Lösung:

Die zu übertragende Leistung bleibt die gleiche, also wird der Querschnitt:

$$q = \frac{200 \cdot N_E \cdot l}{\varkappa \cdot U_E^2 \cdot p_N} = \frac{200 \cdot 3000\ \mathrm{W} \cdot 360\ \mathrm{m}}{56\ \frac{\mathrm{m}}{\Omega\ \mathrm{mm}^2} \cdot 440^2\ \mathrm{V}^2 \cdot 5} = \underline{\underline{4\ \mathrm{mm}^2}}$$

Es ergibt sich für die elektrische Energieübertragung die sehr wichtige Tatsache, daß eine Verdoppelung der Spannung nur den vierten Teil des Querschnitts erfordert. Allgemein (die Spannung U steht in Gl. (25) im Nenner quadratisch):

> Eine Vervielfachung der Spannung benötigt einen Querschnitt, der im Quadrat der Vervielfachung abnimmt.

(Z. B. bei 110 V: $q = 600\ \mathrm{mm}^2$, bei 1100 V: $q = 6\ \mathrm{mm}^2$.)

Durch Erhöhen der Spannung wird überhaupt erst eine elektrische Energieübertragung über große Entfernungen möglich.

Damit im vorhergehenden Beispiel 9 alle Lampen ungehindert voneinander ein- und ausgeschaltet werden können, verbindet man den Mittelpunkt Mp der Spannung $\left(\frac{440\,\mathrm{V}}{2} = 220\,\mathrm{V}\right)$ durch einen dritten Leiter, den Mittelpunktsleiter, mit den Mittelpunkten der hintereinander geschalteten Glühlampen, wie es in Abb. 49 angedeutet ist.

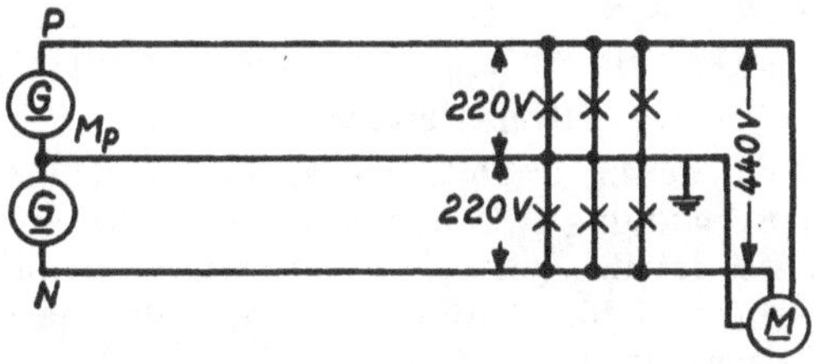

Abb. 49. Speiseleitung mit Mittelpunktsleiter

Die Klemmbezeichnung der Leiter nach den *Regeln für Klemmenbezeichnung*, *VDE 0570/IV. 43*, und ihre Kennfarben nach *DIN 40705* sind folgende:

Positiver Haupt- oder Außenleiter	P	rot
Mittelpunktsleiter	Mp	weiß
Negativer Haupt- oder Außenleiter	N	blau

Da nach den Errichtungsvorschriften des VDE in Niederspannungsanlagen keine höhere Spannung als 250 V gegen Erde herrschen darf, erdet man den Mittelpunktsleiter. Soll dieses kenntlich gemacht werden, so erhält der weiße Anstrich des Mittelpunktsleiters senkrechte oder schräge Querstriche von grauer Farbe.

Bei gleicher Belastung beider Netzhälften führt der Mittelpunktsleiter keinen Strom. Ist aber beispielsweise die obere Netzhälfte mit 20 A, die

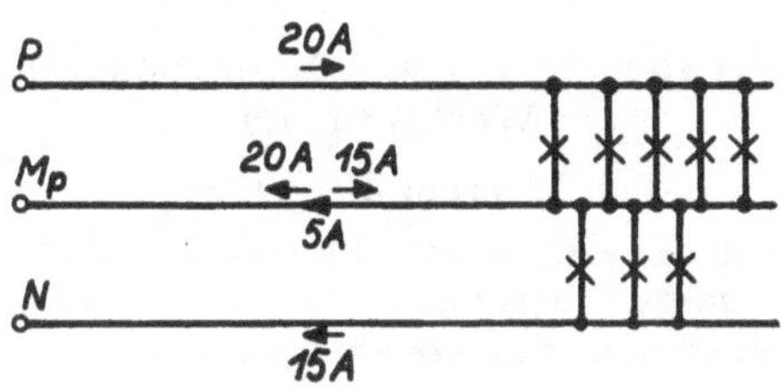

Abb. 50. Stromverteilung im Mittelpunktsleiter bei unsymmetrischer Belastung einer Dreileiteranlage

untere dagegen nur mit 15 A belastet, so fließen durch den Außenleiter P den Verbrauchern 20 A zu, durch den Mittelpunktsleiter ab, wie das in Abb. 50 eingetragen ist. Er ist für diese Netzhälfte negativer Leiter. Die

Verbraucher der unteren Netzhälfte erhalten durch den Mittelpunktsleiter, jetzt als positivem Leiter, die benötigten 15 A, die durch den Außenleiter N abfließen.

Im Mittelpunktsleiter fließt tatsächlich nur ein Ausgleichstrom von $I_{Mp} = 20\,\text{A} - 15\,\text{A} = 5\,\text{A}$.

Gleichstromanlagen mit Mittelpunktsleiter bezeichnet man als:

Dreileiteranlagen.

Die Leitungsberechnung erfolgt, wie zuvor bei den Zweileiteranlagen angegeben, mit der Spannung zwischen den Außenleitern und gleichmäßiger Belastung auf diese. Ist ihr Querschnitt ermittelt, so wählt man q_{Mp} für den Mittelpunktsleiter ½ bis $^1/_3$ dieses Querschnitts, je nach dem Nennwert des Außenleiterquerschnitts.

Die Dreileiteranlagen haben folgende Vorteile vor den Zweileiteranlagen:

Leitereresparnis im Beispiel 9a: Zweileiteranlage für 220 V

$$2 \times 16\,\text{mm}^2 = 32\,\text{mm}^2;$$

9b: Dreileiteranlage für 2 × 220 V

$$2 \times 4\,\text{mm}^2 = 8\,\text{mm}^2 + 2{,}5\,\text{mm}^2 = 10{,}5\,\text{mm}^2.$$

Möglichkeit, zwei verschiedene Spannungen im Netz zu haben:

Im Beispiel 9: zwischen je einem Außenleiter und dem Mittelpunktsleiter 220 V für Licht, zwischen den Hauptleitern 440 V für Kraft, wie das in Abb. 49 angedeutet ist.

Beide Netzhälften sollen nach Möglichkeit gleichmäßig belastet werden. In den Kraftwerken zur Versorgung von Dreileiteranlagen werden besondere Ausgleichsmaschinen aufgestellt, die bei Unsymmetrie einen Ausgleich der Spannungen herbeiführen.

B. Grundlagen der Berechnung von Leitungsnetzen für Gleich- und Wechselstrom

1. Arten der Netze

Die zur Verteilung der elektrischen Energie in Anlagen, Dörfern, Städten und Ländern notwendigen Leitungsanlagen für Gleich-, vor allem aber für Drehstrom, bezeichnet man zusammenfassend als

elektrische Leitungsnetze.

Besteht ein solches aus einfachen verzweigten Leitungen, wie sie im vorigen Abschnitt (s. S. 63) berechnet wurden, so bezeichnet man es als

offenes Leitungsnetz

auch wohl als S t r a h l e n n e t z. In Abb. 51 ist ein kleines offenes Netz dargestellt. Es besitzt zwei Verzweigungspunkte, *a* und *b*. Seine Berechnung ist nach den vorangegangenen Ableitungen ohne große Schwierigkeiten möglich.

Nimmt in einem solchen Netz die Belastung infolge Anschlusses neuer Abnehmer zu und dehnen sich die einzelnen Stränge weiter aus, so wird man sie zu schließen suchen. Es entstehen einzelne Netzmaschen, die den Ringleitungen (s. S. 74) ähneln. In Abb. 52 ist dieser Zusammenschluß an dem offenen Netz der Abb. 51 durchgeführt. Es entsteht dadurch ein

einfach gespeistes vermaschtes Netz.

Der Verzweigungspunkt *a* wird jetzt als **Knotenpunkt** bezeichnet, hinzugekommen sind die Knotenpunkte *c* und *d*. Durch die Vermaschung wird bewirkt, wie schon bei den Ringleitungen ausgeführt, daß die Spannungs-

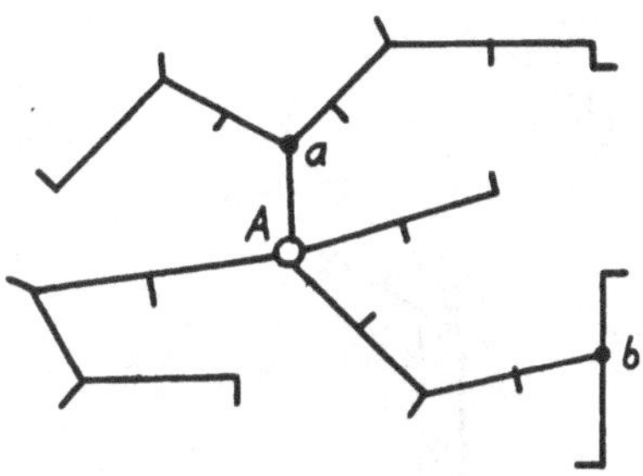

Abb. 51. Offenes Netz

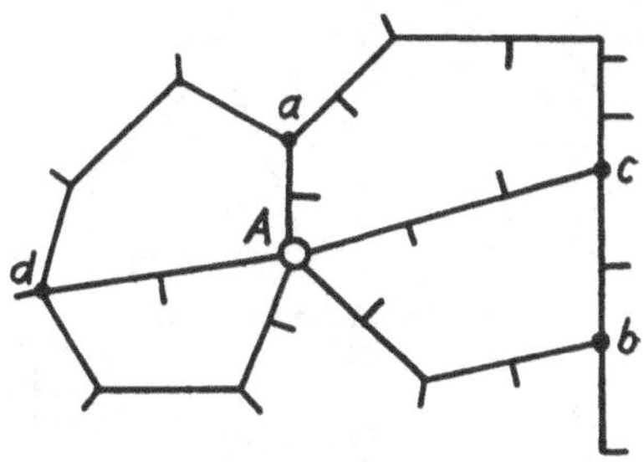

Abb. 52. Einfach gespeistes vermaschtes Netz

verluste und damit die benötigten Querschnitte geringer werden oder, bei schon verlegten Netzen, größere Belastungen zulässig sind. Bei Störungen in vermaschten Netzen, z. B. bei einem auftretenden Kurzschluß, werden die Kurzschlußströme viel höhere Werte annehmen, da vom Kraftwerk zur Kurzschlußstelle eine ganze Reihe Leitungswege zur Verfügung stehen. Vermaschte Netze stellen daher an die Schutzeinrichtungen, die unzulässige Überströme rechtzeitig abschalten sollen, höhere Anforderungen als offene Netze. Man verlangt von der Schutzeinrichtung, daß sie nur die gestörte Leitungsstrecke an beiden Enden schnell abschaltet, also selbsttätig aus den vielen Leitungssträngen den gefährdeten herausfindet. Man nennt diese Fähigkeit der Auswahl Selektivität.

Steigt in einem vermaschten Netz die Belastung noch mehr an, so ist man u. U. gezwungen, ein benachbartes Kraftwerk oder Unterwerk zur Speisung mit heranzuziehen. So wird in Abb. 53 das in Abb. 52 gezeigte Maschennetz noch vom Kraftwerk B in den Knotenpunkten *a* und *e* gespeist. Man nennt einen solchen Ausbau

mehrfach gespeistes vermaschtes Netz.

Die Vorteile eines solchen Maschennetzes in bezug auf Herabsetzung des Spannungsverlustes und damit erhöhter Belastung werden größer, damit aber auch die Anforderungen an die Betriebssicherheit und Selektivität der notwendigen Schutzeinrichtungen.

2. Knotenpunktsgleichungen

In Maschennetzen entstehen stets eine ganze Reihe sternförmiger Leiteranordnungen, so z. B. im Netz der Abb. 53 ein vierstrahliger Stern um den Knotenpunkt *a*, ein dreistrahliger um den Punkt *c*. Um Ströme und Spannungen in einem solchen Leitstern zu berechnen, sind in Abb. 54 für einen dreistrahligen Stern die Spannungen der drei Eckpunkte mit U_1, U_2 und U_3,

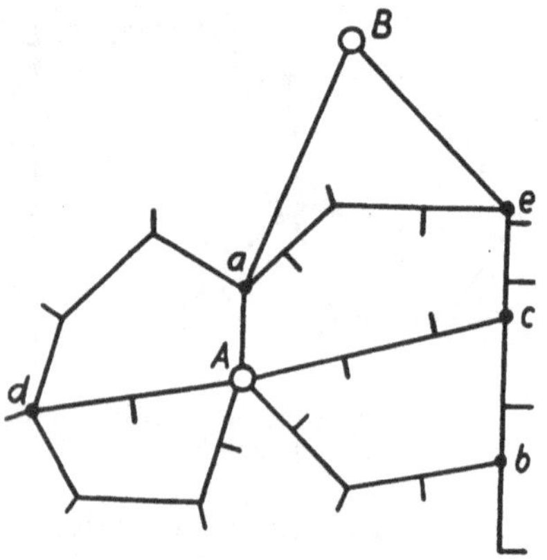

Abb. 53. Mehrfach gespeistes vermaschtes Netz

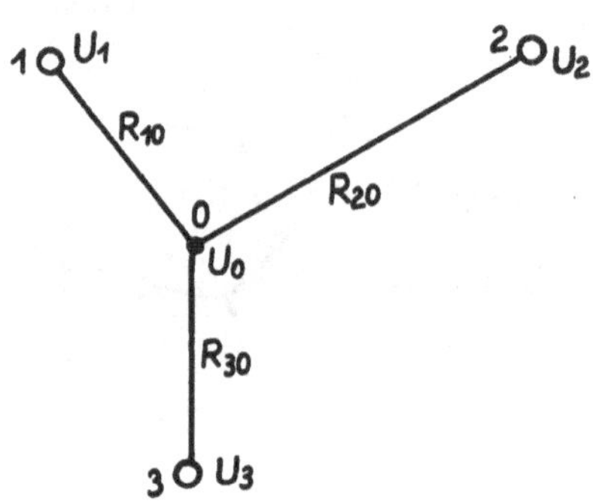

Abb. 54. Dreistrahliger Leiterstern

die des Knotenpunkts mit U_0, die Widerstände der drei Strahlen mit R_{10}, R_{20} und R_{30} bezeichnet. Die drei Ströme, die in den Strahlen auftreten, sind dann:

$$I_1 = \frac{U_1 - U_0}{R_{10}} \qquad I_2 = \frac{U_2 - U_0}{R_{20}} \qquad I_3 = \frac{U_3 - U_0}{R_{30}} \tag{26}$$

Nach dem ersten Kirchhoffschen Satz muß die Stromsumme im Knotenpunkt sein:

$$I_1 + I_2 + I_3 = 0$$

Mit den Werten der Gl. (25) ergibt sich:

$$\frac{U_1 - U_0}{R_{10}} + \frac{U_2 - U_0}{R_{20}} + \frac{U_3 - U_0}{R_{30}} = 0$$

oder etwas umgewandelt:

$$\frac{U_1}{R_{10}} - \frac{U_0}{R_{10}} + \frac{U_2}{R_{20}} - \frac{U_0}{R_{20}} + \frac{U_3}{R_{30}} - \frac{U_0}{R_{30}} = 0$$

$$U_0\left(\frac{1}{R_{10}} + \frac{1}{R_{20}} + \frac{1}{R_{30}}\right) = \frac{U_1}{R_{10}} + \frac{U_2}{R_{20}} + \frac{U_3}{R_{30}} \tag{27}$$

Faßt man die Endpunkte zusammen, so sind die drei Strahlenwiderstände zwischen den Eckpunkten und dem Knotenpunkt parallel geschaltet. Die links stehende Klammer in Gl. (27) stellt den Leitwert G_0 dieser drei Widerstände dar. Der reziproke Wert ist dann der Knotenpunktswiderstand:

$$R_0 = \frac{1}{G_0} = \frac{1}{\frac{1}{R_{10}} + \frac{1}{R_{20}} + \frac{1}{R_{30}}} \tag{28}$$

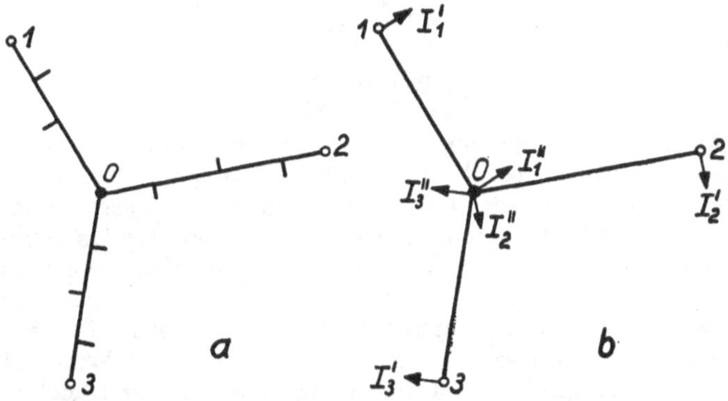

Abb. 55. Dreistrahliger Leiterstern mit Belastungsströmen
a) Verteilte Belastungsströme b) Belastungsströme an die Endpunkte verschoben

Damit ergibt sich die Knotenpunktsspannung zu:

$$U_0 = R_0\left(\frac{U_1}{R_{10}} + \frac{U_2}{R_{20}} + \frac{U_3}{R_{30}}\right) \tag{29}$$

Allgemeiner kann man die Gl. (29) für beliebig viele Strahlen schreiben:

$$U_0 = R_0 \cdot \Sigma\left(\frac{U}{R}\right) \tag{29a}$$

In Leitungsnetzen sind die einzelnen Strahlen eines Leitersternes mit Abnehmerströmen belastet, wie das für einen dreistrahligen Stern in Abb. 55 angedeutet ist. Um auch in diesem Fall die Knotenpunktsspannung berechnen zu können, nimmt man an, daß der Knotenpunkt auch Speisepunkt sei. Man kann dann die einzelnen Strahlen als doppelseitig gespeiste Leitungen berechnen und erhält an den drei Ecken der Strahlen die Ströme

I_1', I_2' und I_3', am Knotenpunkt die Ströme I_1'', I_2'' und I_3''. Anstatt die Ströme in die Eckpunkte und den Knotenpunkt hineinfließen zu lassen, können sie auch als Belastungsströme angesehen werden. Als solche sind sie in Abb. 55 eingetragen. Die Belastungsströme sind gewissermaßen auf die Eckpunkte verschoben [9]. Die drei Ströme im Knotenpunkt können zum Knotenpunktsstrom zusammengezogen werden:

$$I_0 = I_1'' + I_2'' + I_3'' \tag{30}$$

In bezug auf die Ströme nach Gl. (26) ist jetzt die Stromsumme im Knotenpunkt:

$$I_1 + I_2 + I_3 = I_0 \quad \text{oder} \quad I_1 + I_2 + I_3 - I_0 = 0$$

Damit ergibt sich, entsprechend der Ableitung der Gl. (27), die Spannung im Knotenpunkt:

$$U_0 = R_0 \left(\frac{U_1}{R_{10}} + \frac{U_2}{R_{20}} + \frac{U_3}{R_{30}} - I_0 \right) \tag{31}$$

oder allgemeiner:

$$U_0 = R_0 \left[\Sigma \left(\frac{U}{R} \right) - I_0 \right] \tag{31a}$$

Man bezeichnet die Gleichung (31) als **Knotenpunktsgleichung.** Zur Berechnung eines vermaschten Netzes stellt man für jeden Knotenpunkt eine solche Gleichung auf. In jeder tritt als Unbekannte die betreffende Knotenpunktsspannung auf. Man erhält so viel Gleichungen, wie Unbekannte vorhanden sind, und kann dadurch diese bestimmen. Wenn die Spannungen in allen Punkten eines Netzes bekannt sind, kann damit die Stromverteilung ermittelt werden. Die Rechenarbeit ist bei ausgedehnten Netzen sehr erheblich. Voraussetzung ist, daß die Querschnitte oder Widerstände der Leitungen bekannt sind. Anstatt der in der Ableitung der Gleichungen (26) bis (31) verwendeten Zahlenbezeichnungen werden bei der praktischen Anwendung besser Buchstabenbezeichnungen der Speisepunkte (Strahlenendpunkte) und der Knotenpunkte gewählt, zwischen denen die Leitungen verlaufen.

3. Schnittmethode

Die Berechnung mit Hilfe von Knotenpunktsgleichungen läßt sich nur durchführen, wenn die Leiterquerschnitte und damit die Widerstände der einzelnen Strecken bekannt sind. Soll ein Netz neu geplant werden, so kann eine erste Querschnittsfestlegung mit Hilfe der Schnittmethode vorgenommen werden. Bei dieser denkt man sich das Netz an verschiedenen Stellen so aufgeschnitten, daß eine Reihe einseitig gespeister Leitungen entstehen. In Abb. 56 ist das an dem Netz der Abb. 52 vorgenommen. Es ergeben sich die einseitig gespeisten Leitungszüge A—a—c, A—c, A—b—c, A—d und A—d—a, deren Querschnitte mit Hilfe der Gl. (17) berechnet werden können. An den Schnittstellen werden sich im allgemeinen verschiedene Querschnitte ergeben. Man fügt nun das Netz wieder zusammen und wählt für die vereinigte Leitungsstrecke einen genormten Querschnitt, der zwischen den beiden an der Trennstelle berechneten Querschnitten liegt.

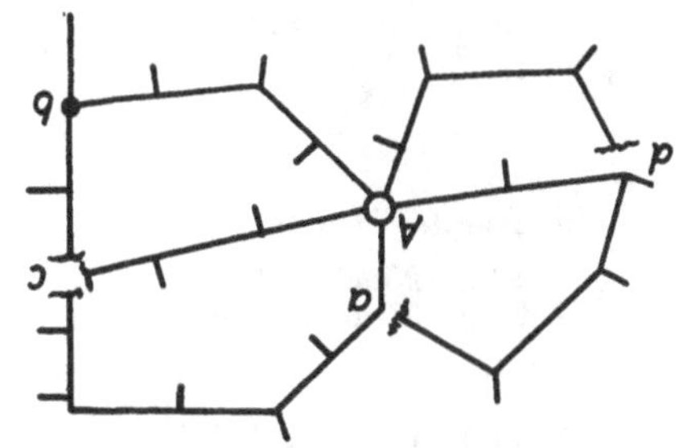

Abb. 56. Leitungsnetz nach der Schnittmethode aufgetrennt

Danach muß die Spannungs- und Stromverteilung im Netz mit Hilfe von Knotenpunktsgleichungen oder mit der im nächsten Abschnitt erläuterten Netzumwandlung ermittelt werden, u. U. sind die Querschnitte zu ändern.

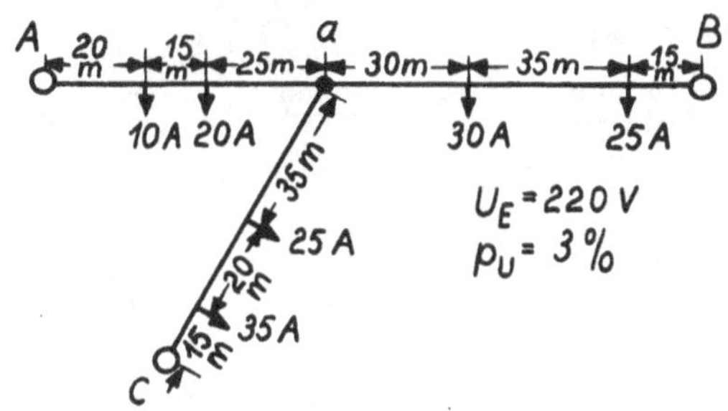

Abb. 57. Sternförmige Leitungsanlage zum Beispiel 10

Beispiel 10

Die Al-Querschnitte der Leitungsanlage nach Abb. 57, als Zweileiterkabel verlegt, sind mit Hilfe der Schnittmethode für 6,6 V Spannungsverlust zu ermitteln und die Spannungsverteilung mittels Knotenpunktsgleichung festzustellen. Die Spannung ist in den drei Speisepunkten 227 V.

Lösung:

Das Netz wird im Knotenpunkt a in drei Leitungsstränge aufgeschnitten.

1. Querschnitts- und Widerstandsberechnung der drei Leitungsstränge

Nach Gl. (17) ist für 6,6 V Spannungsverlust:

$$q_{Aa} = \frac{2 \cdot \Sigma\,(I \cdot l)_{Aa}}{\varkappa \cdot \Delta U} = \frac{2 \cdot 900\ \text{Am}}{35\,\frac{\text{m}}{\Omega\ \text{mm}^2} \cdot 6{,}6\ \text{V}} = \underline{7{,}8\ \ \text{mm}^2}$$

$$q_{Ba} = \frac{2 \cdot \Sigma (I \cdot l)_{Ba}}{\varkappa \cdot \Delta U} = \frac{2 \cdot 1875 \text{ Am}}{35 \frac{\text{m}}{\Omega \text{ mm}^2} \cdot 6{,}6 \text{ V}} = \underline{16{,}25 \text{ mm}^2}$$

$$q_{Ca} = \frac{2 \cdot \Sigma (I \cdot l)_{Ca}}{\varkappa \cdot \Delta U} = \frac{2 \cdot 1400 \text{ Am}}{35 \frac{\text{m}}{\Omega \text{ mm}^2} \cdot 6{,}6 \text{ V}} = \underline{12{,}1 \text{ mm}^2}$$

Summe der Strommomente

$$10 \text{ A} \cdot 20 \text{ m} = 200 \text{ Am}$$
$$20 \text{ A} \cdot 35 \text{ m} = \underline{700 \text{ Am}}$$
$$\Sigma (I \cdot l)_{Aa} = 900 \text{ Am}$$

$$25 \text{ A} \cdot 15 \text{ m} = 375 \text{ Am}$$
$$30 \text{ A} \cdot 50 \text{ m} = \underline{1500 \text{ Am}}$$
$$\Sigma (I \cdot l)_{Ba} = 1875 \text{ Am}$$

$$35 \text{ A} \cdot 15 \text{ m} = 525 \text{ Am}$$
$$25 \text{ A} \cdot 35 \text{ m} = \underline{875 \text{ Am}}$$
$$\Sigma (I \cdot l)_{Ca} = 1400 \text{ Am}$$

Gewählte Querschnitte:

$$q_{Aa} = \underline{\underline{10 \text{ mm}^2}} \qquad q_{Ba} = \underline{\underline{16 \text{ mm}^2}} \qquad q_{Ca} = \underline{\underline{10 \text{ mm}^2}}$$

Widerstände der Leitungen

$$R_{Aa} = \frac{2 \cdot l_{Aa}}{\varkappa \cdot q_{Aa}} = \frac{2 \cdot 60 \text{ m}}{35 \frac{\text{m}}{\Omega \text{ mm}^2} \cdot 10 \text{mm}^2} = \frac{12 \text{ m}}{35 \frac{\text{m}}{\Omega}} = \underline{0{,}343 \ \Omega}$$

$$R_{Ba} = \frac{2 \cdot l_{Ba}}{\varkappa \cdot q_{Ba}} = \frac{2 \cdot 80 \text{ m}}{35 \frac{\text{m}}{\Omega \text{ mm}^2} \cdot 16 \text{mm}^2} = \frac{10 \text{ m}}{35 \frac{\text{m}}{\Omega}} = \underline{0{,}286 \ \Omega}$$

$$R_{Ca} = \frac{2 \cdot l_{Ca}}{\varkappa \cdot q_{Ba}} = \frac{2 \cdot 70 \text{ m}}{35 \frac{\text{m}}{\Omega \text{ mm}^2} \cdot 10 \text{mm}^2} = \frac{4 \text{ m}}{35 \frac{\text{m}}{\Omega}} = \underline{0{,}4 \ \Omega}$$

2. Ermittlung des Knotenpunktwiderstandes

Nach Gl. (28) ist dieser:

$$\frac{1}{R_a} = \frac{1}{R_{Aa}} + \frac{1}{R_{Ba}} + \frac{1}{R_{Ca}} = \frac{1}{0{,}343 \ \Omega} + \frac{1}{0{,}286 \ \Omega} + \frac{1}{0{,}4 \ \Omega} = 2{,}915 \text{ S} + 3{,}496 \text{ S} + 2{,}5 \text{ S}$$

$$R_a = \frac{1}{8{,}911 \text{ S}} = \underline{0{,}1122 \ \Omega}$$

3. Ermittlung der scheinbaren Speiseströme

Nach Gl. (20) ist:

$$I'_A = \frac{\Sigma\,(I \cdot l)_{aA}}{L_{Ges}} = \frac{900\ \text{Am}}{60\ \text{m}} = 15{,}0\ \text{A}$$

$$I''_A = 30\ \text{A} - 15\ \text{A} \qquad = 15{,}0\ \text{A}$$

$$I'_B = \frac{2525\ \text{Am}}{80\ \text{m}} = 31{,}6\ \text{A}$$

$$I''_B = 55\ \text{A} - 31{,}6\ \text{A} \qquad = 23{,}4\ \text{A}$$

$$I'_C = \frac{2800\ \text{Am}}{70\ \text{m}} = 40{,}0\ \text{A}$$

$$I''_C = 60\ \text{A} - 40{,}0\ \text{A} \qquad = 20{,}0\ \text{A}$$

$$\text{Knotenpunktstrom } I_a = 58{,}4\ \text{A}$$

Summe der Strommomente

$$20\ \text{A} \cdot 25\ \text{m} = 500\ \text{Am}$$
$$10\ \text{A} \cdot 40\ \text{m} = 400\ \text{Am}$$
$$\Sigma\,(I \cdot l)_{aA} = 900\ \text{Am}$$

$$30\ \text{A} \cdot 30\ \text{m} = 900\ \text{Am}$$
$$25\ \text{A} \cdot 65\ \text{m} = 1625\ \text{Am}$$
$$\Sigma\,(I \cdot l)_{aB} = 2525\ \text{Am}$$

$$25\ \text{A} \cdot 35\ \text{m} = 875\ \text{Am}$$
$$35\ \text{A} \cdot 55\ \text{m} = 1925\ \text{Am}$$
$$\Sigma\,(I \cdot l)_{aC} = 2800\ \text{Am}$$

4. Aufstellung der Knotenpunktsgleichung

Nach Gl. (31) ist:

$$U_a = R_a \left(\frac{U_A}{R_{Aa}} + \frac{U_B}{R_{Ba}} + \frac{U_C}{R_{Ca}} - I_a\right)$$

$$= 0{,}1122\ \Omega \cdot \left(\frac{227\ \text{V}}{0{,}343\ \Omega} + \frac{227\ \text{V}}{0{,}286\ \Omega} + \frac{227\ \text{V}}{0{,}4\ \Omega} - 58{,}4\ \text{A}\right)$$

$$= 0{,}1122\ \Omega \cdot (661{,}7\ \text{A} + 793{,}6\ \text{A} + 567{,}5\ \text{A} - 58{,}4\ \text{A})$$

$$U_a = 0{,}1122\ \Omega \cdot 1964{,}4\ \text{A} = 220{,}41\ \text{V}$$

5. Berechnung der Ausgleich- und tatsächlichen Speiseströme

Nach Gl. (26) ist:

$$I_{Aa} = \frac{U_A - U_a}{R_{Aa}} = \frac{227\ \text{V} - 220{,}41\ \text{V}}{0{,}343\ \Omega} = \frac{6{,}59\ \text{V}}{0{,}343\ \Omega} = 19{,}2\ \text{A}$$

$$+\ I'_A = 15{,}0\ \text{A}$$

$$\text{tatsächlicher Speisestrom } I_A = 34{,}2\ \text{A}$$

$$I_{Ba} = \frac{U_B - U_a}{R_{Ba}} = \frac{227\ \text{V} - 220{,}41\ \text{V}}{0{,}286\ \Omega} = \frac{6{,}59\ \text{V}}{0{,}286\ \Omega} = 23{,}0\ \text{A}$$

$$+ I'_B = \underline{31{,}6\ \text{A}}$$

$$\text{tatsächlicher Speisestrom } I_B = 54{,}6\ \text{A}$$

$$I_{Ca} = \frac{U_C - U_a}{R_{Ca}} = \frac{227\ \text{V} - 220{,}41\ \text{V}}{0{,}4\ \Omega} = \frac{6{,}59\ \text{V}}{0{,}4\ \Omega} = 16{,}5\ \text{A}$$

$$+ I'_C = \underline{40{,}0\ \text{A}}$$

$$\text{tatsächlicher Speisestrom } I_C = 56{,}5\ \text{A}$$

6. Stromverteilung

Die sich ergebende Stromverteilung ist in Abb. 58 eingetragen.

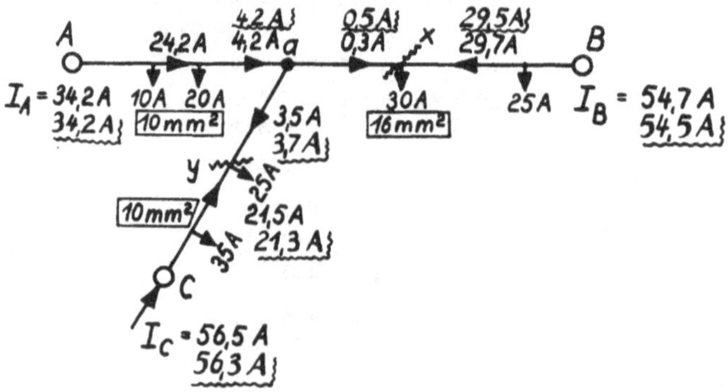

Abb. 58. Stromverteilung im Leiterstern des Beispiels 10

7. Überprüfen der Stromsumme des Knotenpunktes

Zufluß Rest I_A	= 4,2 A	Abfluß I_{aB}	= 0,3 A
Differenz	− 0,4 A	Abfluß I_{aC}	= 3,5 A
	3,8 A		3,8 A

Es ergibt sich eine Differenz von 0,4 A, das sind, auf 3,8 A bezogen, 10,5%. Da dieser Fehler zu hoch ist, wird folgende Korrektur vorgenommen:

	Errechnete Speiseströme	Verteilung der Differenz	Korrigierte Speiseströme
	I_A = 34,2 A	0	I_A = 34,2 A
	I_B = 54,7 A	− 0,2 A	I_B = 54,5 A
	I_C = 56,5 A	− 0,2 A	I_C = 56,3 A
Gesamte	I_{Ges} = 145,4 A	− 0,4 A	I_{Ges} = 145,0 A
Verbraucherströme	145,0 A		
Differenz +	0,4 A		

Die korrigierten Speiseströme und die sich damit richtig ergebende Stromverteilung sind in Abb. 58 durch Wellenlinie umrahmt eingetragen.

8. Ermittlung der tiefsten Spannungen

Punkt x.

Nach der Stromverteilung Abb. 58 ist der Spannungsverlust

$$\Delta U_{ax} = \frac{2 \cdot I_{ax} \cdot l_{ax}}{\varkappa \cdot q_{Ba}} = \frac{2 \cdot 0{,}5\ \mathrm{A} \cdot 30\ \mathrm{m}}{35 \frac{\mathrm{m}}{\Omega\ \mathrm{mm}^2} \cdot 16\ \mathrm{mm}^2} = 0{,}054\ \mathrm{V}$$

$$\Delta U_{Aa} = U_A - U_a = 227\ \mathrm{V} - 220{,}41\ \mathrm{V} = \underline{6{,}590\ \mathrm{V}}$$

$$\Delta U_{Ax} = \underline{\underline{6{,}644\ \mathrm{V}}}$$

Punkt y

$$\Delta U_{ay} = \frac{2 \cdot I_{ay} \cdot l_{ay}}{\varkappa \cdot q_{Ca}} = \frac{2 \cdot 3{,}7\ \mathrm{A} \cdot 35\ \mathrm{m}}{35 \frac{\mathrm{m}}{\Omega\ \mathrm{mm}^2} \cdot 10\ \mathrm{mm}^2} = 0{,}74\ \mathrm{V}$$

$$\Delta U_{Ca} = U_C - U_a = 227\ \mathrm{V} - 220{,}41\ \mathrm{V} = \underline{6{,}59\ \mathrm{V}}$$

$$\Delta U_{Cy} = \underline{\underline{7{,}33\ \mathrm{V}}}$$

Da sich zu hohe Spannungsverluste ergeben, müssen größere Querschnitte gewählt werden.

9. Prüfung auf Erwärmung

Nach Spalte 3 der Tafel 10 (S. 57) können die verschiedenen Querschnitte wie folgt belastet werden:

$q_{Aa} = q_{Ca} = 10\ \mathrm{mm}^2$ Al mit 70 A, Speisestrom $I_{Aa} = 34{,}2$ A

Speisestrom $I_{Ca} = 56{,}3$ A

$q_{Ba} = 16\ \mathrm{mm}^2$ Al mit 95 A, Speisestrom $I_{Ba} = 54{,}5$ A

Die drei gewählten Querschnitte reichen aus.

4. Netzumwandlung

Die Ermittlung der Spannungsverhältnisse in einem ausgedehnten vermaschten Netz mit Hilfe vieler Knotenpunktsgleichungen erfordert, wie schon erwähnt, sehr umfangreiche Rechenarbeiten. Leichter kommt man mit der Methode der Netzumwandlung zum Ziel. Bei dieser wandelt man Schritt für Schritt den Widerstand der einzelnen Netzmaschen so um, daß zum Schluß das ganze Netz in einen einseitig oder zweiseitig gespeisten einfachen Leitungsstrang übergeht, für den die Spannungen in den einzelnen Punkten zu ermitteln sind. Rückwärts löst man das Netz wieder auf und erhält so die richtige Stromverteilung.

Bei einer solchen Umwandlung müssen, das ist die Grundbedingung, die Ersatzwiderstände so berechnet und gewählt werden, daß die Spannungs- und Stromverhältnisse der angrenzenden Netzteile nicht geändert werden.

Die einfachste Netzumwandlung ist gegeben, wenn zwei parallel geschaltete Widerstände R_1 und R_2 zu dem Ersatzwiderstand:

$$R_E = \frac{R_1 \cdot R_2}{R_1 + R_2} \tag{32}$$

zusammengefaßt werden.

Der den parallel geschalteten Widerständen zufließende Gesamtstrom ist:

$$I = I_1 + I_2 \tag{33}$$

der Strom im Widerstand R_2 also:

$$I_2 = I - I_1 \tag{33a}$$

Die Ströme I_1 und I_2 verhalten sich umgekehrt wie die Widerstände R_1 und R_2, in denen sie bei Parallelschaltung auftreten:

$$\frac{I_1}{I_2} = \frac{R_2}{R_1} \tag{34}$$

Aus der Gl. (32) läßt sich durch Umstellung der Widerstand R_2 ermitteln:

$$R_2 = \frac{R_1 \cdot R_E}{R_1 - R_E} \tag{35}$$

Ersetzt man in Gl. (34) den Strom I_2 durch Gl. (33a), den Widerstand R_2 durch Gl. (35), so ist:

$$\frac{I_1}{I - I_1} = \frac{R_1 \cdot R_E}{(R_1 - R_E) \cdot R_1}$$

$$I_1 \cdot R_1 - I_1 \cdot R_E = I \cdot R_E - I_1 \cdot R_E$$

$$I_1 = \frac{R_E}{R_1} \cdot I \quad \text{entsprechend} \quad I_2 = \frac{R_E}{R_2} \cdot I \qquad \left(I_3 = \frac{R_E}{R_3} \cdot I\right) \tag{36}$$

Mit Hilfe dieser Gl. (36) kann der Gesamtstrom einer Parallelschaltung auf die einzelnen, parallelgeschalteten Widerstände verteilt werden.

Sind mehr als zwei Widerstände parallel geschaltet, rechnet man am einfachsten mit den Leitwerten $G = \frac{1}{R}$. Der Ersatzwiderstand ergibt sich dann aus dem Ersatzleitwert:

$$G_E = G_1 + G_2 + G_3 + \ldots \tag{37}$$

$$R_E = \frac{1}{G_E} \tag{37a}$$

Auch bei diesen Parallelschaltungen können die Einzelströme nach Gl. (36) ermittelt werden, wie das oben in Klammern angedeutet ist.

Sehr häufig ist es nötig, einen um einen Knotenpunkt herum sich bildenden **n-strahligen Stern** in ein **n-Eck** zu verwandeln, im einfachsten Fall einen dreistrahligen Stern (Abb. 59a) in ein Dreieck (Abb. 59b). Der Strom im Strahlenwiderstand R_{Aa}*), dem Endpunkt A des Sternes zufließend, ist:

$$I_{A_Y} = \frac{U_A - U_a}{R_{Aa}} = \frac{U_A}{R_{Aa}} - \frac{U_a}{R_{Aa}}$$

*) Die Leitungswiderstände sind in allen Abbildungen nur durch ihre Längen als einfache gerade Linien dargestellt.

Für die Knotenpunktsspannung U_a den Wert nach Gl. (29a) eingesetzt:

$$I_{A_Y} = \frac{U_A}{R_{Aa}} - \frac{R_a}{R_{Aa}} \cdot \left(\frac{U_A}{R_{Aa}} + \frac{U_B}{R_{Ba}} + \frac{U_C}{R_{Ca}}\right)$$
$$= \frac{U_A}{R_{Aa}} - \frac{R_a \cdot U_A}{R_{Aa}^2} - \frac{R_a \cdot U_B}{R_{Aa} \cdot R_{Ba}} - \frac{R_a \cdot U_C}{R_{Aa} \cdot R_{Ca}}$$

oder etwas anders geordnet:

$$I_{A_Y} = \left(\frac{1}{R_{Aa}} - \frac{R_a}{R_{Aa}^2}\right) \cdot U_A - \frac{R_a}{R_{Aa} \cdot R_{Ba}} \cdot U_B - \frac{R_a}{R_{Aa} \cdot R_{Ca}} \cdot U_C \quad (38)$$

Der Strom I_{A_Δ}, der dem Dreieckspunkt A zufließt, ergibt sich aus der Summe der beiden Ströme I'_A und I''_A in den anstoßenden Dreiecksseiten mit den Widerständen R_{AB} und R_{AC}:

$$I_{A_\Delta} = I'_A + I''_A = \frac{U_A - U_B}{R_{AB}} + \frac{U_A - U_C}{R_{AC}}$$

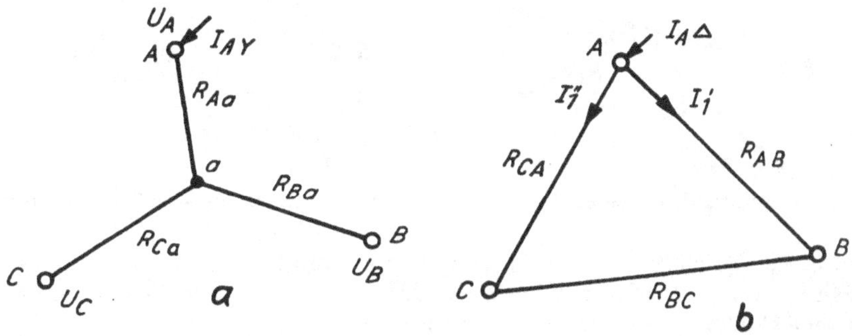

Abb. 59. Umwandlung eines dreistrahligen Sterns (a) in ein Dreieck (b)

etwas umgeformt wird der Strom:

$$I_{A_\Delta} = \frac{U_A}{R_{AB}} - \frac{U_B}{R_{AB}} + \frac{U_A}{R_{AC}} - \frac{U_C}{R_{AC}}$$
$$I_{A_\Delta} = \left(\frac{1}{R_{AB}} + \frac{1}{R_{AC}}\right) \cdot U_A - \frac{1}{R_{AB}} \cdot U_B - \frac{1}{R_{AC}} U_C \quad (39)$$

Da als Grundbedingung für die Netzumwandlung keine Veränderung der Ströme gefordert war, muß sein:

$$I_{A_Y} = I_{A_\Delta}$$

Mit den Gl. (38) und (39):

$$\left(\frac{1}{R_{Aa}} - \frac{R_a}{R_{Aa}^2}\right) \cdot U_A - \frac{R_a}{R_{Aa} \cdot R_{Ba}} \cdot U_B - \frac{R_a}{R_{Aa} \cdot R_{Ca}} \cdot U_C$$
$$= \left(\frac{1}{R_{AB}} + \frac{1}{R_{AC}}\right) \cdot U_A - \frac{1}{R_{AB}} \cdot U_B - \frac{1}{R_{AC}} \cdot U_C$$

Diese Gleichung ist erfüllt, wenn die Faktoren der gleichen Spannungen U_A bis U_C auf beiden Seiten einander gleich sind, also:

$$\frac{1}{R_{Aa}} - \frac{R_a}{R_{Aa}^2} = \frac{1}{R_{AB}} + \frac{1}{R_{AC}} \qquad \text{(I)}$$

$$\frac{R_a}{R_{Aa} \cdot R_{Ba}} = \frac{1}{R_{AB}} \qquad \text{(II)}$$

$$\frac{R_a}{R_{Aa} \cdot R_{Ca}} = \frac{1}{R_{AC}} \qquad \text{(III)}$$

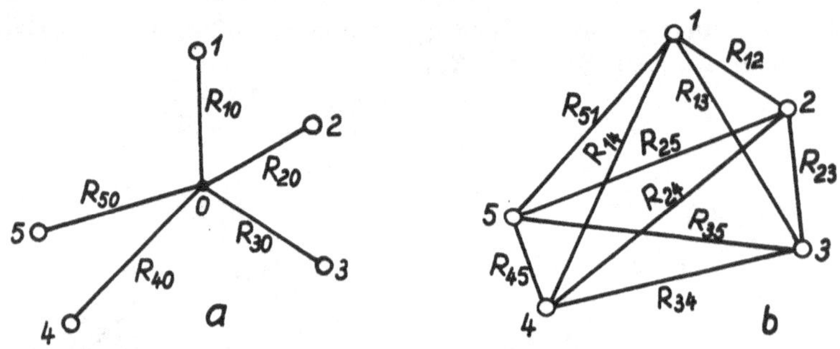

Abb. 60. Umwandlung eines fünfstrahligen Sterns (a) in ein vollständiges Fünfeck (b)

Die erste Gleichung (I) ergibt den Knotenpunktswiderstand R_a. Aus der zweiten (II) und dritten Gleichung (III) erhält man die Widerstände der an den Punkt 1 anstoßenden Dreieckseiten:

$$R_{AB} = \frac{R_{Aa} \cdot R_{Ba}}{R_a} \qquad \text{(40a)}$$

$$R_{AC} = \frac{R_{Aa} \cdot R_{Ca}}{R_a} \qquad \text{(40b)}$$

Entsprechend ergibt sich die dritte Seite:

$$R_{BC} = \frac{R_{Ba} \cdot R_{Ca}}{R_a} \qquad \text{(40c)}$$

Die Gleichungen (40) gelten auch für die Umwandlung beliebiger n-strahliger Sterne in entsprechende n-Ecke, z. B. für den fünfstrahligen Stern (Abb. 60a) und das Fünfeck (Abb. 60b). Die letzte Abbildung zeigt, daß auch die Widerstände der Diagonalen bestimmt werden müssen. Als allgemeine Regel gilt:

Bei der Umwandlung eines n-strahligen Leitersterns in ein vollständiges n-Eck ergibt sich der Widerstand R_{AB} einer Vielecksseite aus dem Produkt der beiden anschließenden Strahlenwiderstände R_{Aa} und R_{Ba} geteilt durch den Sternpunktswiderstand R_a:

$$R_{AB} = \frac{R_{Aa} \cdot R_{Ba}}{R_a} \tag{41}$$

Umgekehrt ist die Umwandlung eines vollständigen n-Ecks in einen n-strahligen Stern nicht möglich, da für die n-Sternstrahlen aus dem vollständigen n-Eck: $\frac{n}{2} \cdot (n - 1)$-Gleichungen zur Verfügung stehen, sie also

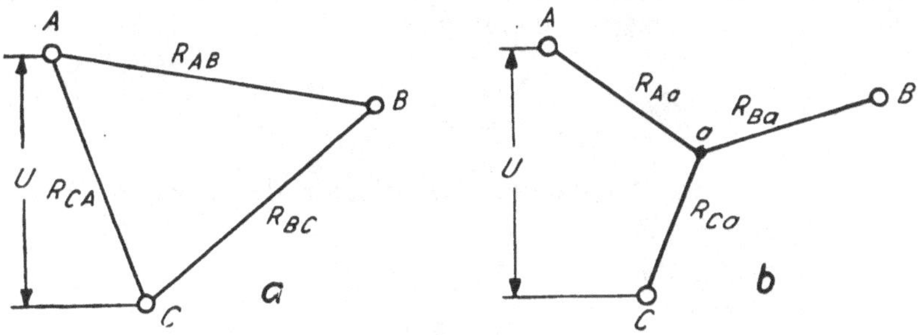

Abb. 61. Umwandlung eines Dreiecks (a) in einen dreistrahligen Stern (b)

überbestimmt sind, so z. B. für den fünfstrahligen Stern der Abb. 60a aus dem vollständigen Fünfeck,

$$\frac{n}{2} n \cdot (n - 1) = \frac{5}{2} \cdot (5 - 1) = 10 \text{ Gleichungen}$$

da außer den 5 Seiten noch 5 Diagonale vorhanden sind. Nur ein Vieleck ohne Diagonalen, d. h. ein Dreieck läßt sich in einen dreistrahligen Stern verwandeln, denn hierfür stehen für die 3 Strahlenwiderstände

$$z = \frac{n}{2} (n - 1) = \frac{3}{2} (3 - 1) = 3$$

Gleichungen zur Verfügung.

Zur Ableitung der Gleichungen für die **Umwandlung eines Dreiecks in einen dreistrahligen Stern** legt man an die Endpunkte A und C des Dreiecks der Abb. 61a eine Spannung, ebenso an die Strahlenendpunkte A und C der Abb. 61b eine solche gleicher Größe. Nach den Bedingungen der Netzumwandlung müssen dann in den Leiteranordnungen die gleichen Ströme auftreten, also die Widerstände gleich sein. In Abb. 61a des Dreiecks liegt zwischen den Punkten A und C eine Parallelschaltung, im Stern Abb. 61b eine Reihenschaltung vor, die einander gleich sein müssen, also:

$$\frac{R_{CA} \cdot (R_{AB} + R_{BC})}{R_{CA} + (R_{AB} + R_{BC})} = R_{Ca} + R_{Aa}$$

Entsprechend bei Speisung der anderen Eckpunkte:

$$\frac{R_{AB} \cdot (R_{BC} + R_{CA})}{R_{AB} + (R_{BC} + R_{CA})} = R_{Aa} + R_{Ba}$$

$$\frac{R_{BC} \cdot (R_{CA} + R_{AB})}{R_{BC} + R_{CA} + R_{AB}} = R_{Ba} + R_{Ca}$$

Zur Lösung dieser drei Gleichungen mit den drei unbekannten Strahlenwiderständen addiert man je zwei der obigen Gleichungen und zieht davon die dritte ab. Nach einigen Umformungen erhält man die Strahlenwiderstände:

$$R_{Aa} = \frac{R_{CA} \cdot R_{AB}}{R_{AB} + R_{BC} + R_{CA}} \tag{42a}$$

und entsprechend die Widerstände der beiden anderen Seiten:

$$R_{Ba} = \frac{R_{AB} \cdot R_{BC}}{R_{AB} + R_{BC} + R_{CA}} \tag{42b}$$

$$R_{Ca} = \frac{R_{BC} \cdot R_{CA}}{R_{AB} + R_{BC} + R_{CA}} \tag{42c}$$

Als allgemeine Regel gilt:

> Bei Umwandlung eines Dreiecks in einen dreistrahligen Stern ergibt sich der Widerstand eines Strahles R_{Aa} aus dem Produkt der Widerstände der beiden anliegenden Dreiecksseiten R_{AB} und R_{AC} geteilt durch die Summe der Dreieckswiderstände.

$$R_{Aa} = \frac{R_{AB} \cdot R_{AC}}{R_{AB} + R_{BC} + R_{CA}} \tag{43}$$

Für die Berechnung von Gleichstromnetzen sind in die obigen Gl. (32) bis (43) die Widerstandswerte R der Leitungen einzusetzen. Bei Wechsel- und Drehstromnetzen sind die komplexen Werte entweder — bei Vernachlässigung der Wirkwiderstände (Resistanz) — der Blindwiderstände X (Reaktanz) oder sonst der Scheinwiderstände $\dot{Z}$ (Impedanz) einzusetzen.

Mit der Zusammenfassung parallel geschalteter Leitungsstrecken Gl. (32), der Umwandlung eines n-strahligen Sterns in ein n-Eck nach Gl. (41) und der Umwandlung eines Dreiecks in einen dreistrahligen Stern nach Gl. (43) lassen sich alle Netze auf die einfachste Form bringen.

Das folgende Zahlenbeispiel wird das Verständnis für die Netzumwandlung noch besser zeigen.

Beispiel 11

Das Gleichstromnetz der Abb. 62a, als Cu-Zweileiterkabel verlegt, ist für einen Spannungsverlust bis zu 6,6 V mit Hilfe der Netzumwandlung zu berechnen!

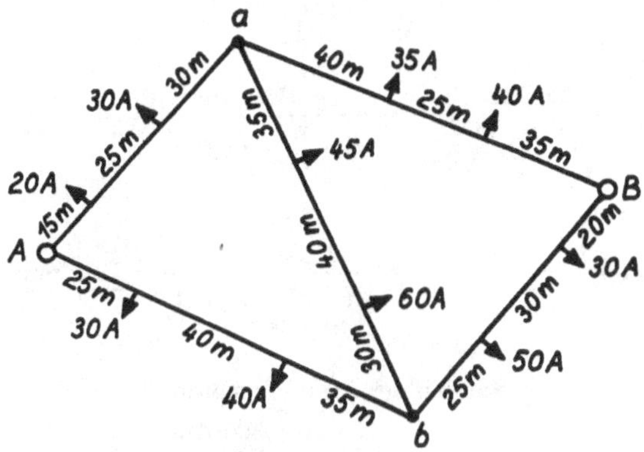

Abb. 62a. Zweifach gespeistes, vermaschtes Gleichstromnetz mit zwei Knotenpunkten zum Beispiel 11

Lösung:

1. Querschnittsberechnung nach der Schnittmethode

Das Netz wird an den eingezeichneten Stellen (Abb. 62b) u, v und w aufgeschnitten.

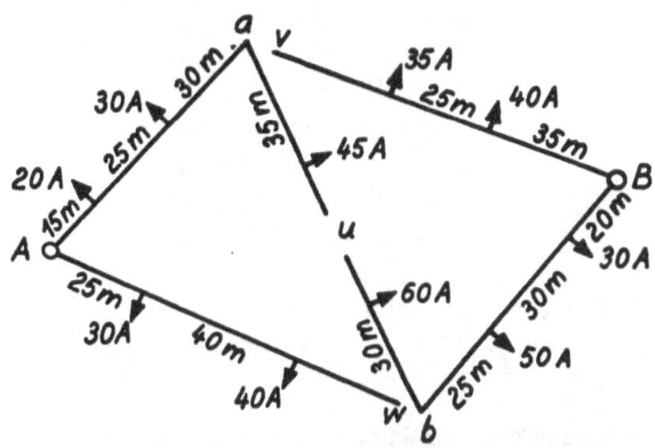

Abb. 62b. Aufgeschnittenes Netz

Leitungsstrang A—a—u

Nach Gl. (17) ist der Querschnitt:

$$q_{Au} = \frac{2 \cdot \Sigma\,(I \cdot l)_{Au}}{\varkappa \cdot \Delta U} = \frac{2 \cdot 6225 \text{ Am}}{56 \dfrac{\text{m}}{\Omega \text{ mm}^2} \cdot 6{,}6 \text{ V}} = \underline{33{,}7 \text{ mm}^2}$$

Leitungsstrang B—v

$$q_{Bv} = \frac{2 \cdot \Sigma\,(I \cdot l)_{Bv}}{\varkappa \cdot \Delta U} = \frac{2 \cdot 3500\ \text{Am}}{56\ \frac{\text{m}}{\Omega\ \text{mm}^2} \cdot 6{,}6\ \text{V}} = \underline{18{,}8\ \text{mm}^2}$$

Leitungsstrang B—b—u

$$q_{Bu} = \frac{2 \cdot \Sigma\,(I \cdot l)_{Bu}}{\varkappa \cdot \Delta U} = \frac{2 \cdot 9400\ \text{Am}}{56\ \frac{\text{m}}{\Omega\ \text{mm}^2} \cdot 6{,}6\ \text{V}} = \underline{50{,}8\ \text{mm}^2}$$

Leitungsstrang A—w

$$q_{Aw} = \frac{2 \cdot \Sigma\,(I \cdot l)_{Aw}}{\varkappa \cdot \Delta U} = \frac{2 \cdot 3350\ \text{Am}}{56\ \frac{\text{m}}{\Omega\ \text{mm}^2} \cdot 6{,}6\ \text{V}} = \underline{18{,}2\ \text{mm}^2}$$

Summe der Strommomente

$$\begin{aligned}
20\ \text{A} \cdot 15\ \text{m} &= 300\ \text{Am}\\
30\ \text{A} \cdot 40\ \text{m} &= 1200\ \text{Am}\\
45\ \text{A} \cdot 105\ \text{m} &= \underline{4725\ \text{Am}}\\
\Sigma\,(I \cdot l)_{Au} &= 6225\ \text{Am}\\[4pt]
40\ \text{A} \cdot 35\ \text{m} &= 1400\ \text{Am}\\
35\ \text{A} \cdot 60\ \text{m} &= \underline{2100\ \text{Am}}\\
\Sigma\,(I \cdot l)_{Bv} &= 3500\ \text{Am}\\[4pt]
30\ \text{A} \cdot 20\ \text{m} &= 500\ \text{Am}\\
50\ \text{A} \cdot 50\ \text{m} &= 2500\ \text{Am}\\
60\ \text{A} \cdot 105\ \text{m} &= \underline{6300\ \text{Am}}\\
\Sigma\,(I \cdot l)_{Bu} &= 9400\ \text{Am}\\[4pt]
30\ \text{A} \cdot 25\ \text{m} &= 750\ \text{Am}\\
40\ \text{A} \cdot 65\ \text{m} &= \underline{2600\ \text{Am}}\\
\Sigma\,(I \cdot l)_{Aw} &= 3350\ \text{Am}
\end{aligned}$$

Es werden folgende Querschnitte gewählt:

$q_{Aa} = \underline{\underline{35\ \text{mm}^2}}$ $q_{Ba} = \underline{\underline{25\ \text{mm}^2}}$ $q_{Bb} = \underline{\underline{50\ \text{mm}^2}}$ $q_{Ab} = \underline{\underline{25\ \text{mm}}}$ $q_{ab} = \underline{\underline{50\ \text{mm}^2}}$

2. Widerstandsberechnung der einzelnen Leitungsstränge

$$R_{Aa} = \frac{2 \cdot l_{Aa}}{\varkappa \cdot q_{Aa}} = \frac{2 \cdot 70\ \text{m}}{56\ \frac{\text{m}}{\Omega\ \text{mm}^2} \cdot 35\ \text{mm}} = \underline{0{,}0715\ \Omega}$$

$$R_{Ba} = \frac{2 \cdot l_{Ba}}{\varkappa \cdot q_{Ba}} = \frac{2 \cdot 100\ \text{m}}{56\ \frac{\text{m}}{\Omega\ \text{mm}^2} \cdot 25\ \text{mm}^2} = \underline{0{,}143\ \Omega}$$

$$R_{Bb} = \frac{2 \cdot l_{Bb}}{\varkappa \cdot q_{Bb}} = \frac{2 \cdot 75\ \text{m}}{56 \frac{\text{m}}{\Omega\ \text{mm}^2} \cdot 50\ \text{mm}^2} = \underline{0{,}0535\ \Omega}$$

$$R_{Ab} = \frac{2 \cdot l_{Ab}}{\varkappa \cdot q_{Ab}} = \frac{2 \cdot 100\ \text{m}}{56 \frac{\text{m}}{\Omega\ \text{mm}^2} \cdot 25\ \text{mm}^2} = \underline{0{,}143\ \Omega}$$

$$R_{ab} = \frac{2 \cdot l_{ab}}{\varkappa \cdot q_{ab}} = \frac{2 \cdot 105\ \text{m}}{56 \frac{\text{m}}{\Omega\ \text{mm}^2} \cdot 50\ \text{mm}^2} = \underline{0{,}075\ \Omega}$$

3. Ermittlung der scheinbaren Speiseströme

Knotenpunkt *a*

Nach Gl. (20) ist:

$$I'_{Aa} = \frac{\Sigma\,(I \cdot l)_{Aa}}{L_{Aa}} = \frac{2000\ \text{Am}}{70\ \text{m}} = 28{,}6\ \text{A}$$

$$I'_{Aa} = 50\ \text{A} - 28{,}6\ \text{A} = 21{,}4\ \text{A}$$

$$I'_{Ba} = \frac{4000\ \text{Am}}{100\ \text{m}} = 40{,}0\ \text{A}$$

$$I'_{aB} = 75\ \text{A} - 40{,}0\ \text{A} = 35{,}0\ \text{A}$$

$$I'_{ba} = \frac{6075\ \text{Am}}{105\ \text{m}} = 57{,}8\ \text{A}$$

$$I'_{ab} = 105\ \text{A} - 57{,}8\ \text{A} = \underline{47{,}2\ \text{A}}$$

$$\text{Knotenpunktsstrom } I_a = \underline{\underline{103{,}6\ \text{A}}}$$

Knotenpunkt *b*

$$I'_{Bb} = \frac{\Sigma\,(I \cdot l)_{Bb}}{L_{Bb}} = \frac{2900\ \text{Am}}{75\ \text{m}} = 38{,}7\ \text{A}$$

$$I'_{bB} = 80\ \text{A} - 38{,}7\ \text{A} = 41{,}3\ \text{A}$$

$$I'_{Ab} = \frac{3650\ \text{Am}}{100\ \text{m}} = 36{,}5\ \text{A}$$

$$I'_{bA} = 70\ \text{A} - 36{,}5\ \text{A} = 33{,}5\ \text{A}$$

$$I'_{ab} = 47{,}2\ \text{A}$$

$$I'_{ba} = \underline{57{,}8\ \text{A}}$$

$$\text{Knotenpunktsstrom } I_b = \underline{\underline{132{,}6\ \text{A}}}$$

Summe der Strommomente

$$30\,\text{A}\cdot 30\,\text{m} = 900\,\text{Am} \qquad 45\,\text{A}\cdot 35\,\text{m} = 1575\,\text{Am}$$
$$20\,\text{A}\cdot 55\,\text{m} = 1100\,\text{Am} \qquad 60\,\text{A}\cdot 75\,\text{m} = 4500\,\text{Am}$$
$$\Sigma\,(I\cdot l)_{aA} = 2000\,\text{Am} \qquad \Sigma\,(I\cdot l)_{ab} = 6075\,\text{Am}$$

$$35\,\text{A}\cdot 40\,\text{m} = 1400\,\text{Am} \qquad 50\,\text{A}\cdot 25\,\text{m} = 1250\,\text{Am}$$
$$40\,\text{A}\cdot 65\,\text{m} = 2600\,\text{Am} \qquad 30\,\text{A}\cdot 55\,\text{m} = 1650\,\text{Am}$$
$$\Sigma\,(I\cdot l)_{aB} = 4000\,\text{Am} \qquad \Sigma\,(I\cdot l)_{bB} = 2900\,\text{Am}$$

$$40\,\text{A}\cdot 35\,\text{m} = 1400\,\text{Am}$$
$$30\,\text{A}\cdot 75\,\text{m} = 2250\,\text{Am}$$
$$\Sigma\,(I\cdot l)_{bA} = 3650\,\text{Am}$$

4. Netzumwandlung

In Abb. 62c ist das Netz mit den in den Knotenpunkten zusammengefaßten Verbraucherströmen und den Widerständen der einzelnen Stränge nochmals dargestellt.

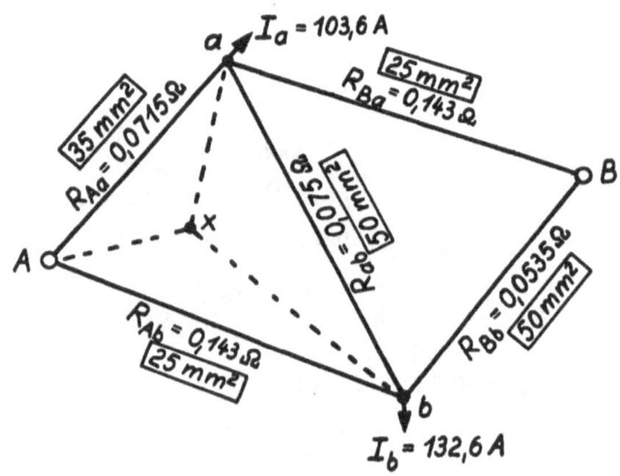

Abb. 62c. Netzumwandlung Dreieck A—a—b in Stern x

a) Umwandlung Dreieck A—a—b in Stern x

Summe der Dreieckswiderstände

$$R_{Aa} = 0{,}0715\ \Omega$$
$$R_{ab} = 0{,}0750\ \Omega$$
$$R_{Ab} = 0{,}1430\ \Omega$$
$$\Sigma R = 0{,}2895\ \Omega$$

Nach Gl. (43) sind die Strahlenwiderstände

$$R_{ax} = \frac{R_{aA}\cdot R_{ab}}{\Sigma R} = \frac{0{,}0715\ \Omega\cdot 0{,}075\ \Omega}{0{,}2895\ \Omega} = 0{,}0185\ \Omega$$

$$R_{bx} = \frac{R_{ba}\cdot R_{bA}}{\Sigma R} = \frac{0{,}075\ \Omega\cdot 0{,}143\ \Omega}{0{,}2895\ \Omega} = 0{,}0370\ \Omega$$

$$R_{Ax} = \frac{R_{Ab}\cdot R_{Aa}}{\Sigma R} = \frac{0{,}143\ \Omega\cdot 0{,}0715\ \Omega}{0{,}2895\ \Omega} = 0{,}0353\ \Omega$$

b) Parallelschaltungen zwischen x und B

Die Abb. 69d zeigt das Netz nach der ersten Umwandlung. Um die beiden Leitungen zwischen x und B parallel schalten zu können, müssen erst die Belastungen der Knotenpunkte a und b fortgeschafft werden. Dazu sieht man beide Leitungen als doppelseitig gespeiste Leitungen an und ermittelt ihre Speiseströme.

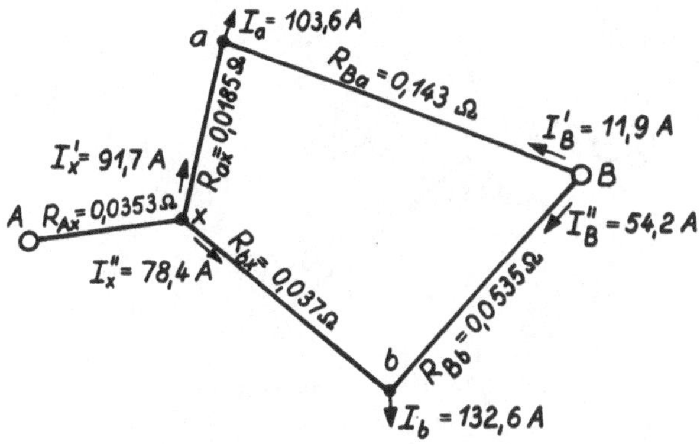

62d. Beseitigung der Knotenpunktströme Ia und Ib

$$R_{ax} = 0{,}0185\ \Omega \qquad R_{bx} = 0{,}0370\ \Omega$$
$$R_{Ba} = 0{,}1430\ \Omega \qquad R_{Bb} = 0{,}0535\ \Omega$$
$$R_{xaB} = 0{,}1615\ \Omega \qquad R_{xbB} = 0{,}0905\ \Omega$$

Leitung $x—a—B$

$$I'_x = \frac{I_a \cdot R_{Ba}}{R_{xaB}} = \frac{103{,}6\ \text{A} \cdot 0{,}143\ \Omega}{0{,}1615\ \Omega} = \underline{91{,}7\ \text{A}}$$
$$I'_B = I_a - I'_x = 103{,}6\ \text{A} - 91{,}7\ \text{A} = \underline{11{,}9\ \text{A}}$$

Leitung $x—b—B$

$$I''_x = \frac{I_b \cdot R_{Bb}}{R_{xbB}} = \frac{132{,}6 \cdot \text{A}\ 0{,}0535\ \Omega}{0{,}0905\ \Omega} = \underline{78{,}4\ \text{A}}$$
$$I''_B = I_b - I''_x = 132{,}6\ \text{A} - 78{,}4\ \text{A} = \underline{54{,}2\ \text{A}}$$
$$I_x = I'_x + I''_x = 91{,}7\ \text{A} + 78{,}4\ \text{A} = \underline{\underline{170{,}1\ \text{A}}}$$

Abb. 62e zeigt das jetzt nur noch im Punkt x belastete Netz, von dem die Leitungen zwischen x und b nun parallel geschaltet werden können.

$$R_{xaB} + R_{xbB} = 0{,}1615\ \Omega + 0{,}0905\ \Omega = 0{,}252\ \Omega$$

Nach Gl. (32) ist der Ersatzwiderstand der Parallelschaltung:

$$R_{xB} = \frac{R_{xaB} \cdot R_{xbB}}{R_{xaB} + R_{xbB}} = \frac{0{,}1615\ \Omega \cdot 0{,}0905\ \Omega}{0{,}252\ \Omega} = \underline{0{,}058\ \Omega}$$

In Abb. 62f ist die zweiseitig gespeiste Leitung A—B dargestellt, in die das ganze Leitungsnetz durch die Netzumwandlung zusammengefaßt ist.

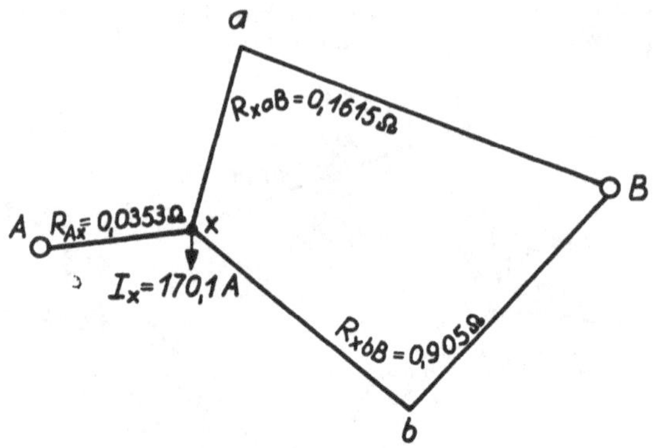

Abb. 62e. Parallelschaltung x—B

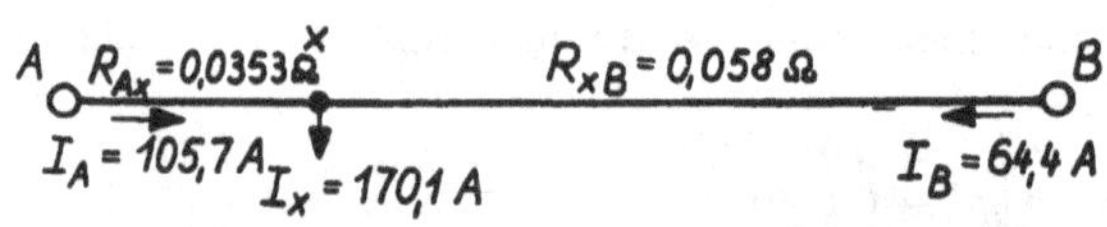

Abb. 62f. Ergebnis der Netzumwandlung: Leitung A—B

c) Stromverteilung auf Leitung A—B

Die Speiseströme der Leitung errechnen sich nach Gl. (20a):

$$\overleftarrow{I_B} = \frac{\overrightarrow{I_x \cdot R_{Aa}}}{R_{AB}} = \frac{170{,}1\ \text{A} \cdot 0{,}0353\ \Omega}{0{,}0933\ \Omega} = \underline{64{,}4\ \text{A}}$$

$$\begin{aligned} R_{Ax} &= 0{,}0353\ \Omega \\ R_{xB} &= \underline{0{,}0580\ \Omega} \\ R_{AB} &= 0{,}0933\ \Omega \end{aligned}$$

$$\overrightarrow{I_A} = I_x - \overleftarrow{I_B} = 170{,}1\ \text{A} - 64{,}4\ \text{A} = \underline{105{,}7\ \text{A}}$$

d) Verteilung des Stromes I_B auf die parallel geschalteten Leitungen

Nach Gl. (36) ist:

$$I_{Ba} = \frac{R_{xB}}{R_{xaB}} \cdot I_B = \frac{0{,}058\ \Omega}{0{,}1615\ \Omega} \cdot 64{,}4\ \text{A} = \underline{23{,}1\ \text{A}}$$

$$I_{Bb} = \frac{R_{xB}}{R_{xbB}} \cdot I_B = \frac{0{,}058\ \Omega}{0{,}0905\ \Omega} \cdot 64{,}4\ \text{A} = \underline{41{,}3\ \text{A}}$$

e) Stromverteilung zwischen x und B

In Abb. 62g ist die Parallelschaltung wieder aufgelöst und die Stromverteilung eingetragen.

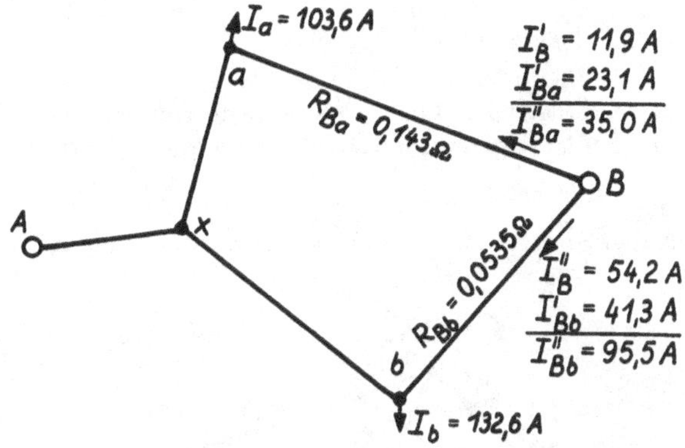

Abb. 62g. Stromverteilung in der Parallelschaltung

$$I'_B = 11{,}9\ \text{A} \qquad\qquad I''_B = 54{,}2\ \text{A}$$
$$I'_{Ba} = \underline{23{,}1\ \text{A}} \qquad\qquad I'_{Bb} = \underline{41{,}3\ \text{A}}$$
$$I''_{Ba} = 35{,}0\ \text{A} \qquad\qquad I''_{Bb} = 95{,}5\ \text{A}$$

f) Spannungsverluste in a und b

$$\Delta U_{Ba} = I_{Ba} \cdot R_{Ba} = 35{,}0\ \text{A} \cdot 0{,}143\ \Omega = \underline{\underline{5{,}01\ \text{V}}} = \Delta U_{Aa}$$

$$\Delta U_{Bb} = I_{Bb} \cdot R_{Bb} = 95{,}3\ \text{A} \cdot 0{,}0535\ \Omega = \underline{\underline{5{,}11\ \text{V}}} = \Delta U_{Ab}$$

g) Berechnung der Ausgleich- und tatsächlichen Speiseströme

$$I''_{Aa} = \frac{\Delta U_{Aa}}{R_{Aa}} = \frac{5{,}01\ \text{V}}{0{,}0715\ \Omega} = 70{,}1\ \text{A}$$
$$+\ I'_{Aa} = \underline{28{,}6\ \text{A}}$$
$$\text{tats. Speisestrom:}\quad I_{Aa} = \underline{\underline{98{,}7\ \text{A}}}$$

$$I''_{Ba} = 35{,}0\ \text{A}$$
$$+\ I'_{Ba} = \underline{40{,}0\ \text{A}}$$
$$\text{tats. Speisestrom:}\quad I_{Ba} = 75{,}0\ \text{A}$$

$$I''_{A} = \frac{\Delta U_{Ab}}{R_4} = \frac{5{,}11\ \text{V}}{0{,}143\ \Omega} = 35{,}7\ \text{A}$$
$$+\ I'_{Ab} = \underline{36{,}5\ \text{A}}$$
$$\text{tats. Speisestrom:}\quad I_{Ab} = \underline{\underline{72{,}2\ \text{A}}}$$

$$I''_{Bb} = 95{,}5\ \text{A}$$
$$+\ I'_{Bb} = \underline{38{,}7\ \text{A}}$$
$$\text{tats. Speisestrom:}\quad I_{Bb} = \underline{\underline{134{,}2\ \text{A}}}$$

Der Ausgleichstrom von a nach b ist in den ermittelten Stromwerten enthalten, da diese nicht nach Gl. (22) berechnet wurden, sondern sich aus der gesamten Stromverteilung ergaben.

Summe der Speiseströme:

$$\begin{aligned} I_{Aa} &= \ \ 98{,}7\ \text{A} \\ + I_{Ab} &= \underline{\ \ 72{,}2\ \text{A}} \\ I_A &= 170{,}9\ \text{A} \\ + I_B &= \underline{209{,}2\ \text{A}} \\ I_{Ges} &= 380{,}1\ \text{A} \end{aligned} \qquad \begin{aligned} I_{Ba} &= \ \ 75{,}0\ \text{A} \\ + I_{Bb} &= \underline{134{,}2\ \text{A}} \\ I_B &= 209{,}2\ \text{A} \end{aligned}$$

Summe aller Stromabnehmer 380,0 A (Anschlußwert)

Die Differenz von 0,1 A ist so gering, daß auf eine Berichtigung verzichtet werden kann.

h) Stromverteilung

Die sich mit den Speiseströmen ergebende Stromverteilung ist in Abb. 62h eingetragen.

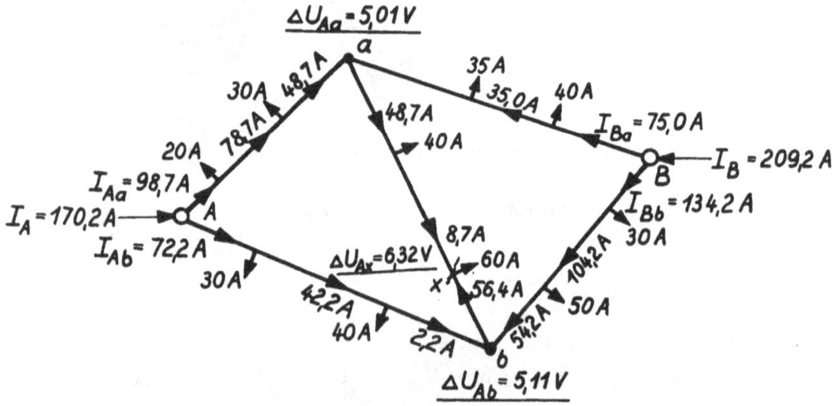

Abb. 62h. Stromverteilung zum Beispiel 11

k) Kontrolle der Knotenpunkte

Knotenpunkt *a*		Knotenpunkt *b*	
Zufluß	Abfluß	Zufluß	Abfluß
48,7 A	48,7 A	2,2 A	56,4 A
		+ 54,2 A	
		56,2 A	

i) Ermittlung der tiefsten Spannung

Es ergibt sich nur der eine Punkt x, der von beiden Seiten gespeist wird, also Punkt tiefster Spannung ist.

$$\Delta U_{bx} = \frac{2 \cdot I_{bx} \cdot l_{bx}}{\varkappa \cdot q_{ba}} = \frac{2 \cdot 56{,}4\ \text{A} \cdot 30\ \text{m}}{56\ \frac{\text{m}}{\Omega\ \text{mm}^2} \cdot 50\ \text{mm}^2} = 1{,}21\ \text{V}$$

$$\Delta U_{Ab} \qquad = \underline{5{,}11\ \text{V}}$$

$$\Delta U_{Ax}\ \underline{\underline{6{,}32\ \text{V}}}$$

Der Spannungsverlust liegt noch unter dem zulässigen. Wäre in x die Netzspannung von 220 V verlangt, so müßte in A und B mit 226,32 V gespeist werden.

k) Nachprüfen der Erwärmung

Nach Spalte 3 der Belastungstafel 10 (S. 57) liegen die Belastungsströme sämtlich weit unter den zulässigen.

IV. Übungsaufgaben und ihre Lösungen

A. Aufgaben

Übungsaufgabe 1 zu S. 60

Bestimme den Spannungsverlust der Speiseleitung nach Abb. 63 aus Al mit einem Querschnitt von 70 mm², als isolierte Leitung verlegt!

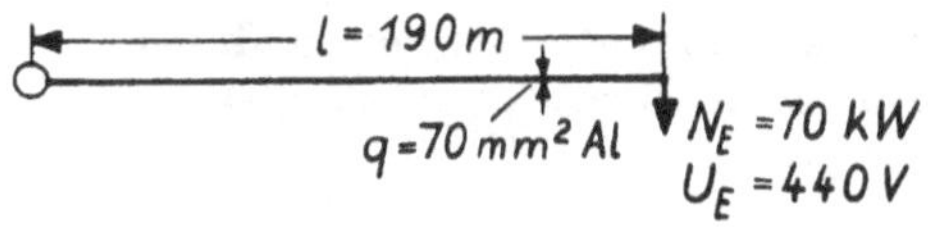

Abb. 63. Speiseleitung der Übungsaufgabe 1

Übungsaufgabe 2 zu Seite 62

Der Cu-Querschnitt der in Rohr verlegten Verteilungsleitung nach Abb. 64 ist mit 3,1% Spannungsverlust zu berechnen. Weiterhin ist nachzuprüfen, ob der gewählte Querschnitt noch ausreicht, wenn im Abnehmerpunkt 3 noch eine Belastung von 10 A hinzu kommt.

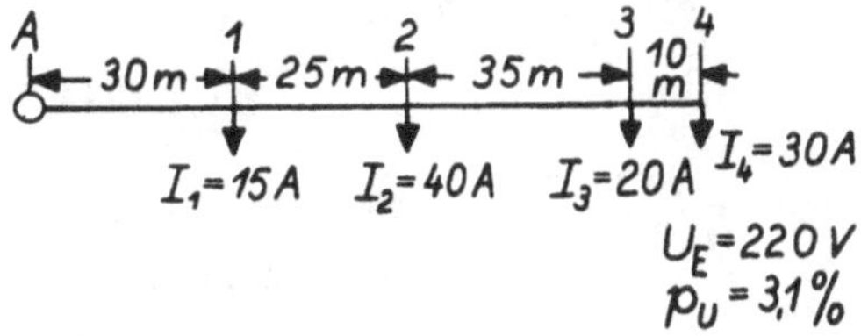

Abb. 64. Einseitig gespeiste Verteilungsleitung zur Übungsaufgabe 2

Übungsaufgabe 3 zu Seite 63

In dem Beispiel 5 ist als Hauptstrang der Leitungszug A—C—D anzunehmen, und es sind dann die Querschnitte beider Stränge zu ermitteln. Durch Errechnen der Leitungsgewichte für beide Fälle ist der günstigste festzulegen!

Übungsaufgabe 4 zur Seite 70

Im Beispiel 7 ergab sich, daß der im Beispiel 6 ermittelte Al-Querschnitt von 50 mm² infolge der veränderten Stromverteilung nicht mehr ausreicht. Wie groß wird bei einem Al-Querschnitt von 70 mm² der Ausgleichstrom und die Spannung im Punkt 3?

Übungsaufgabe 5 zur Seite 74

Die Al-Querschnitte der Leitungsanlage in Abb. 65, als kabelähnliche Leitung verlegt, sind für folgende Fälle zu berechnen:

a) die Leitungsstränge A—B—C und der Abzweig B—D sind als einseitig gespeiste Leitungen anzusehen,

b) die Leitung wird als Ringleitung zwischen A und C geschlossen und ist als solche mit dem Abzweig B—D zu berechnen.

Durch Bestimmung der Gewichte des notwendigen Leiteraluminiums sind beide Ausführungsarten miteinander zu vergleichen!

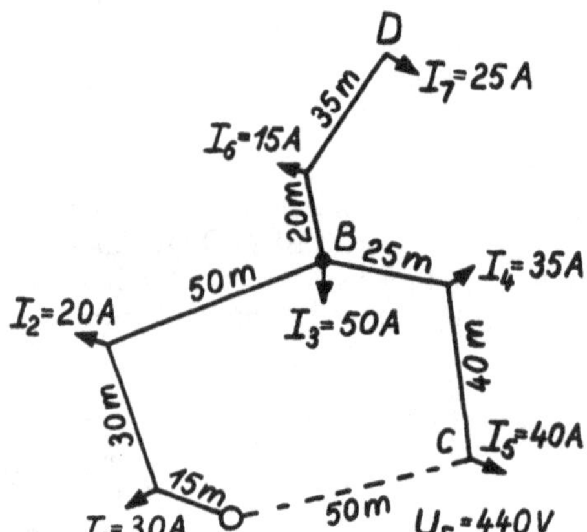

Abb. 65. Leitungsanlage zur Übungsaufgabe 5

Übungsaufgabe 6 zur Seite 74

Um wieviel Prozent müßte die Belastung herabgesetzt werden, wenn bei der Ringleitung der Übungsaufgabe 5 auf der Strecke von 25 m ein Leitungsbruch auftritt und der zulässige Spannungsverlust von 3,3% entsprechend 7,26 V nicht überschritten wird?

Übungsaufgabe 7 zur Seite 78

Die Belastung einer Dreileiteranlage ist entsprechend Abb. 66 unsymmetrisch geworden. Der Querschnitt der Außenleiter ist $q_1 = q_2 = 120\ \text{mm}^2$ Al, der des Mittelpunktleiters $q_{Mp} = 70\ \text{mm}^2$ Al. Der Spannungsverlust für diese Belastung ist zu ermitteln!

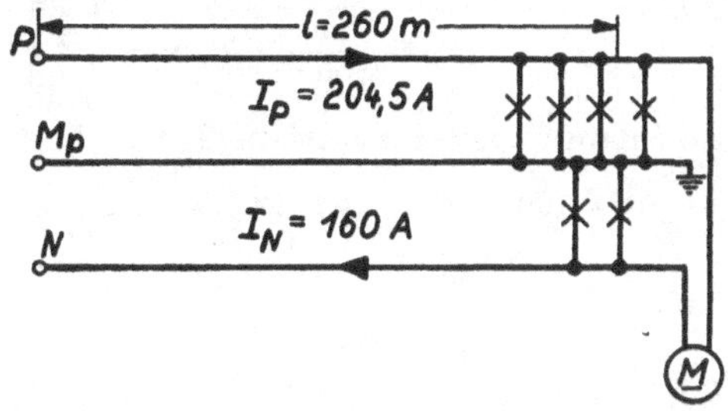

Abb. 66. Unsymmetrisch belastete Dreileiteranlage zur Übungsaufgabe 7

Übungsaufgabe 8 zur Seite 92

Das Gleichstrom-Kabelnetz nach Abb. 67 mit Al-Leitern ist für eine Netzspannung von 220 V mit 3% Spannungsverlust zu berechnen!

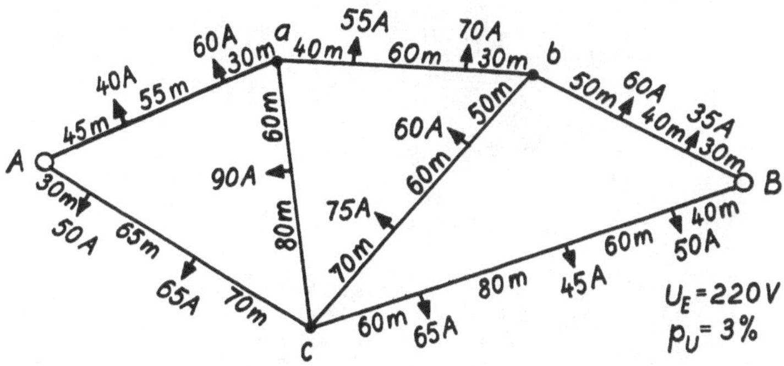

Abb. 67. Gleichstromnetz mit 2 Speise- und 3 Knotenpunkten

B. Lösungen der Übungsaufgaben

Aufgabe 1

Gegeben: $l = 190\ \text{m}$, $q = 70\ \text{mm}^2$ Al, $U_E = 440\ \text{V}$, $N_E = 70\ \text{kW}$
Gesucht: Spannungsverlust ΔU

Lösung: Der Strom berechnet sich zu:

$$I = \frac{N}{U_E} = \frac{70 \cdot 10^3 \text{ W}}{440 \text{ V}} = \underline{159 \text{ A}}$$

Der Spannungsverlust ergibt sich nach Gl. (13):

$$\Delta U = \frac{2 \cdot I \cdot l}{\varkappa \cdot q} = \frac{2 \cdot 159 \text{ A} \cdot 190 \text{ m}}{35 \frac{\text{m}}{\Omega \text{ mm}^2} \cdot 70 \text{ mm}^2} = \underline{\underline{24{,}7 \text{ V}}}$$

Der prozentuale Spannungsverlust ist nach Gl. (11):

$$p_U = \frac{100 \cdot \Delta U}{U_E} = \frac{100 \cdot 24{,}7 \text{ V}}{440 \text{ V}} = \underline{\underline{5{,}6\%}}$$

Aufgabe 2

Gegeben: Werte der Abb. 64, $p_U = 3{,}1\%$, Zunahme $I_3 = 10$ A
Gesucht: Cu-Querschnitt q, Prüfung auf Erwärmung

1. Querschnittsberechnung

Lösung: Der Spannungsverlust ist nach Gl. (11):

$$\Delta U = \frac{p_U}{100} \cdot U_E = \frac{3{,}1}{100} \cdot 220 \text{ V} = \underline{6{,}82 \text{ V}}$$

Der Querschnitt errechnet sich nach Gl. (17):

$$q = \frac{2 \cdot \Sigma (I \cdot l)_{A3}}{\varkappa \cdot \Delta U} = \frac{2 \cdot 7450 \text{ Am}}{56 \frac{\text{m}}{\Omega \text{ mm}^2} \cdot 6{,}82 \text{ V}}$$

$$\underline{q = 39 \text{ mm}^2} \quad \text{gewählt} \quad \underline{\underline{q = 50 \text{ mm}^2 \text{ Cu}}}$$

Summe der Strommomente

$$\begin{aligned} 15 \text{ A} \cdot 30 \text{ m} &= 450 \text{ Am} \\ 40 \text{ A} \cdot 55 \text{ m} &= 2200 \text{ Am} \\ 20 \text{ A} \cdot 90 \text{ m} &= 1800 \text{ Am} \\ 30 \text{ A} \cdot 100 \text{ m} &= \underline{3000 \text{ Am}} \\ \Sigma (I \cdot l)_{A4} &= 7450 \text{ Am} \end{aligned}$$

2. Nachprüfen der Erwärmung

   Nach Belastungstafel 3, Spalte 2 (s. S. 12) kann ein Cu-Querschnitt von 50 mm² mit 140 A belastet werden. Da der Gesamtstrom der Leitung $I_{Ges} = 15 \text{ A} + 40 \text{ A} + 20 \text{ A} + 30 \text{ A} = 105 \text{ A}$ ist, reicht der gewählte Querschnitt aus.

3. Nachprüfen des Spannungsverlustes

Nach Gl. (16) ist:

$$\Delta U = \frac{2 \cdot \Sigma (I \cdot l)}{\varkappa \cdot q} = \frac{2 \cdot 7450 \text{ Am}}{56 \frac{\text{m}}{\Omega \text{ mm}^2} \cdot 50 \text{ mm}^2} = \underline{\underline{5{,}32 \text{ V}}}$$

$$p_U = \frac{\Delta U \cdot 100}{U_E} = \frac{5{,}32 \text{ V} \cdot 100}{220 \text{ V}} = \underline{\underline{2{,}42\%}}$$

4. Nachprüfen des Spannungsverlustes bei erhöhter Belastung im Punkt 3. Da Punkt 3 vom Speisepunkt A eine Entfernung von 90 m hat, erhöht sich die unter 1. ermittelte Strommomentensumme um den Betrag

$$\begin{aligned} 10 \text{ A} \cdot 90 \text{ m} &= \,900 \text{ Am} \\ &\; + 7450 \text{ Am} \\ \hline \Sigma(I \cdot l)_{A3} &= 8350 \text{ Am} \end{aligned}$$

Damit wird der Spannungsverlust nach Gl. (16):

$$\Delta U = \frac{2 \cdot 8350 \text{ Am}}{56 \frac{\text{m}}{\Omega \text{ mm}^2} \cdot 50 \text{ mm}^2} = \underline{\underline{5{,}96 \text{ V}}}$$

$$p_U = \frac{5{,}96 \text{ V} \cdot 100}{220 \text{ V}} = \underline{\underline{2{,}71\%}}$$

Der ermittelte Spannungsverlust liegt noch unter dem zulässigen von 6,81 V, entsprechend 3,1%.

Auch wegen der Erwärmung reicht bei dem jetzt vorhandenen Strom von 115 A der gewählte Querschnitt aus.

Aufgabe 3

Gegeben: Werte der Abb. 38, $U_E = 220$ V, $p_U = 3\%$

Gesucht: a) Cu-Querschnitt q_{AD},

b) Cu-Querschnitt des Abzweigs q_{BC},

c) Leitungsgewichte G

In Abb. 68 ist die Leitung mit A—C—D als Hauptstrang gezeichnet.

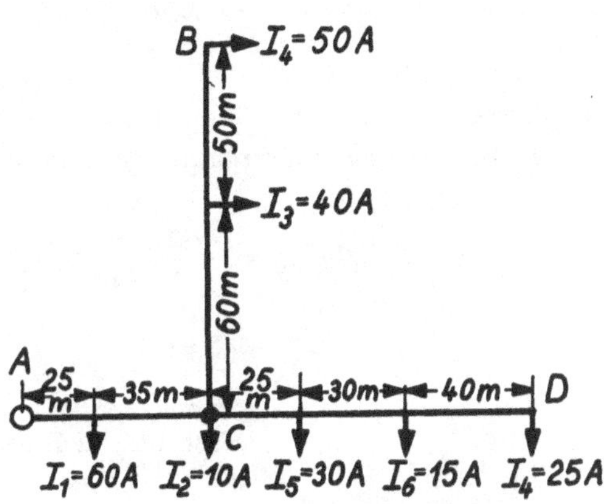

Abb. 68. Verteilungsleitung zur Lösung der Übungsaufgaben 3

Lösung:

a) Berechnung des Hauptstrangs A—C—D

1. Querschnittsberechnung

Der Querschnitt berechnet sich nach Gl. (17):

$$q_{AD} = \frac{2 \cdot \Sigma\,(I \cdot l)_{AD}}{\varkappa \cdot \Delta U} = \frac{2 \cdot 14\,500 \text{ Am}}{56 \dfrac{\text{m}}{\Omega \text{ mm}^2} \cdot 6{,}6 \text{ V}}$$

$$\underline{q_{AD} = 78{,}5 \text{ mm}^2} \quad \text{gewählt} \quad \underline{\underline{q_{AD} = 95 \text{ mm}^2}}$$

Summe der Strommomente:

$$\begin{aligned} 60 \text{ A} \cdot 20 \text{ m} &= 1\,200 \text{ Am} \\ 100 \text{ A} \cdot 55 \text{ m} &= 5\,500 \text{ Am} \\ 30 \text{ A} \cdot 80 \text{ m} &= 2\,400 \text{ Am} \\ 15 \text{ A} \cdot 110 \text{ m} &= 1\,650 \text{ Am} \\ 25 \text{ A} \cdot 150 \text{ m} &= 3\,750 \text{ Am} \\ \hline \Sigma\,(I \cdot l)_{AD} &= 14\,500 \text{ Am} \end{aligned}$$

2. Prüfung auf Erwärmung

Der gesamte Belastungsstrom der Leitung beträgt nach der Lösung des Beispiels 6: $I = 230$ A. Nach Belastungstafel 3, Spalte 4, S. 12, darf ein Cu-Querschnitt von 95 mm² mit 264 A belastet werden. Der gewählte Querschnitt reicht aus.

3. Nachprüfen des Spannungsverlustes

Nach Gl. (16) ist:

$$\Delta U_{AD} = \frac{2 \cdot \Sigma\,(I \cdot l)_{AD}}{\varkappa \cdot q_{AD}} = \frac{2 \cdot 14\,500 \text{ Am}}{56 \dfrac{\text{m}}{\Omega \text{ mm}^2} \cdot 95 \text{ mm}^2} = \underline{5{,}45 \text{ V}}$$

b) Berechnung des Abzweiges C—B

1. Ermittlung des Spannungsverlustes A—C

Nach Gl. (16) ist:

$$\Delta U_{AC} = \frac{2 \cdot \Sigma\,(I \cdot l)_{AB}}{\varkappa \cdot q_{AC}} = \frac{2 \cdot 10\,550 \text{ Am}}{56 \dfrac{\text{m}}{\Omega \text{ mm}^2} \cdot 95 \text{ mm}^2}$$

$$\Delta U_{AC} = \underline{3{,}96 \text{ V}}$$

Summe der Strommomente:
Nach Lösung Beispiel 7
$\Sigma\,(I \cdot l)_{AC} = 10\,550$ Am

2. Ermittlung des Spannungsverlustes C—B

$$\Delta U_{CB} = \Delta U - \Delta U_{AC} = 6{,}6 \text{ V} - 3{,}96 \text{ V} = \underline{2{,}64 \text{ V}}$$

3. Querschnittsberechnung C—B

Nach Gl. (17) ist:

$$q_{CB} = \frac{2 \cdot \Sigma (I \cdot l)_{BC}}{\varkappa \cdot \Delta U_{CB}} = \frac{2 \cdot 7900 \text{ Am}}{56 \frac{\text{m}}{\Omega \text{ mm}^2} \cdot 2{,}64 \text{ V}}$$

$$q_{CB} = \underline{107 \text{ mm}^2} \quad \text{gewählt} \quad q_{CB} = \underline{\underline{120 \text{ mm}^2}}$$

Summe der Strommomente:

$$\begin{aligned} 40 \text{ A} \cdot 60 \text{ m} &= 2400 \text{ Am} \\ 50 \text{ A} \cdot 110 \text{ m} &= \underline{5500 \text{ Am}} \\ \Sigma (I \cdot l)_{CB} &= 7900 \text{ Am} \end{aligned}$$

4. Prüfung auf Erwärmung

Da für den Hauptstrang ein Querschnitt von 95 mm² ausreicht, genügt für den Abzweig ein solcher von 120 mm² erst recht.

5. Nachprüfen des Spannungsverlustes

Nach Gl. (16) ist:

$$\Delta U_{CB} = \frac{2 \cdot 7900 \text{ Am}}{56 \frac{\text{m}}{\Omega \text{ mm}^2} \cdot 120 \text{ mm}^2} = \underline{2{,}35 \text{ V}}$$

$$p_U = \frac{2{,}35 \text{ V} \cdot 100}{220 \text{ V}} = \underline{1{,}07\%}$$

c) Berechnung der Leitergewichte

1. Leiter des Beispiels 5

Hauptstrang A—B—C

$$\begin{aligned} G_{AC} &= 2 \cdot l_{AC} \cdot q_{AC} \cdot \gamma \\ &= 2 \cdot 165 \cdot 10 \text{ dm} \cdot 120 \cdot 10^{-4} \text{ dm}^2 \cdot 8{,}9 \frac{\text{kg}}{\text{dm}^3} = 352 \text{ kg} \end{aligned}$$

Nebenstrang B—D

$$\begin{aligned} G_{BD} &= 2 \cdot l_{BD} \cdot q_{BD} \cdot \gamma \\ &= 2 \cdot 95 \cdot 10 \text{ dm} \cdot 50 \cdot 10^{-4} \text{ dm}^2 \cdot 8{,}9 \frac{\text{kg}}{\text{dm}^3} = \underline{85 \text{ kg}} \\ G &= 437 \text{ kg} \end{aligned}$$

2. Leiter der Übungsaufgabe 3

Hauptstrang A—B—D

$$\begin{aligned} G_{AD} &= 2 \cdot l_{AD} \cdot q_{AD} \cdot \gamma \\ &= 2 \cdot 150 \cdot 10 \text{ dm} \cdot 95 \cdot 10^{-4} \text{ dm}^2 \cdot 8{,}9 \frac{\text{kg}}{\text{dm}^3} = 254 \text{ kg} \end{aligned}$$

Nebenstrang B—C

$$G_{BC} = 2 \cdot l_{BC} \cdot q_{BC} \ \gamma$$

$$= 2 \cdot 110 \cdot 10\,\text{dm} \cdot 120 \cdot 10^{-4}\,\text{dm}^2 \cdot 8{,}9\,\frac{\text{kg}}{\text{dm}^3} = \underline{235\,\text{kg}}$$

$$489\,\text{kg}$$

Die Lösung nach Beispiel 5, also A—C—B als Hauptstrang, ist günstiger.

Aufgabe 4

Gegeben: Werte der Leitung Abb. 41, $q = 70\ \text{mm}^2$ Al

Gesucht: Ausgleichstrom I_{Aus}, Spannung U_3 im Abnehmerpunkt 3

Lösung:

1. Berechnen des Ausgleichstromes

Der Widerstand der Leitung ist jetzt:

$$R_{AB} = \frac{2 \cdot l}{\varkappa \cdot q} = \frac{2 \cdot 190\ \text{m}}{35\,\frac{\text{m}}{\Omega\ \text{mm}^2} \cdot 70\ \text{mm}^2} = 0{,}155\ \Omega$$

Nach Gl. (22) ist der Ausgleichstrom:

$$I_{Aus} = \frac{U_A - U_B}{R_{AB}} = \frac{230\ \text{V} - 225\ \text{V}}{0{,}155\ \Omega} = \underline{\underline{32{,}2\ \text{A}}}$$

2. Stromverteilung im Abnehmerpunkt 3

Die Speiseströme sind jetzt:

$$I'_A = I_A + I_{Aus} = 109{,}5\ \text{A} + 32{,}2\ \text{A} = \underline{141{,}7\ \text{A}}$$

$$I'_B = I_B - I_{Aus} = 90{,}5\ \text{A} - 32{,}2\ \text{A} = \underline{58{,}3\ \text{A}}$$

Die Stromverteilung ergibt sich aus folgender Abb. 69.

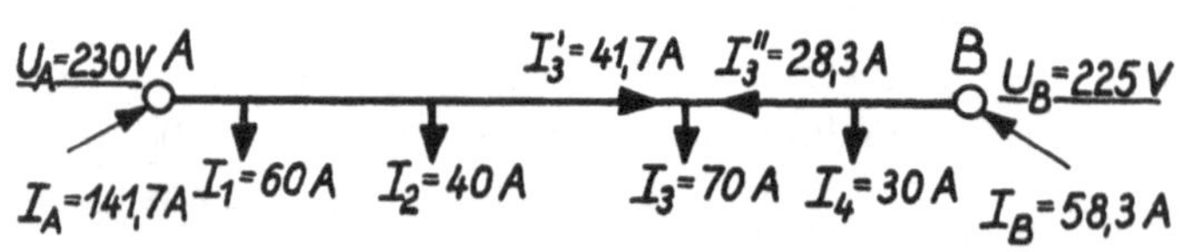

Abb. 69. Stromverteilung der Leitung Übungsaufgabe 4

Danach ist:

$$I'_3 = \underline{41{,}7\ \text{A}} \qquad I''_3 = \underline{28{,}3\ \text{A}}$$

3. Spannung im Abnehmerpunkt 3

Der Spannungsverlust ist nach Gl. (16):

$$\Delta U_{B3} = \frac{2 \cdot (I \cdot l)_{B3}}{\varkappa \cdot q} = \frac{2 \cdot 2590\ \text{Am}}{35\ \frac{\text{m}}{\Omega\ \text{mm}^2} \cdot 70\ \text{mm}^2}$$

$$\Delta U_{B3} = \underline{\underline{2{,}12\ \text{V}}}$$

Summe der Strommomente:

30 A · 25 m	=	750 Am
28,3 A · 65 m	=	1840 Am
$\Sigma\,(I \cdot l)_{B3}$	=	2590 Am

Aufgabe 5

Gegeben: Werte der Leitungsanlage Abb. 65, $U_E = 440$ V, $p_U = 2{,}2\%$

Gesucht: a) Al-Querschnitt der einseitig gespeisten Leitung A—B—C, b) Al-Querschnitt q der Ringleitung, c) Leitergewichte G

Lösung:

a) Einseitig gespeiste Leitung A—B—C

1. Querschnittsberechnung der Hauptleitung A—C

Der Spannungsverlust ist nach Gl. (11):

$$\Delta U_{AC} = \frac{p_U}{100} \cdot U_E = \frac{2{,}2}{100} \cdot 440\ \text{V} = \underline{9{,}68\ \text{V}}$$

Der Querschnitt berechnet sich nach Gl. (17):

$$q_{AC} = \frac{2 \cdot \Sigma\,(I \cdot l)_{AC}}{\varkappa \cdot \Delta U_{AC}} = \frac{2 \cdot 20\,500\ \text{Am}}{35\ \frac{\text{m}}{\Omega\ \text{mm}^2} \cdot 9{,}68\ \text{V}}$$

$$q_{AC} = \underline{121\ \text{mm}^2} \quad \text{gewählt} \quad q_{AC} = \underline{\underline{120\ \text{mm}^2\ \text{Al}}}$$

Summe der Strommomente

30 A · 15 m	=	450 Am
20 A · 45 m	=	900 Am
90 A · 95 m	=	8 550 Am
35 A · 120 m	=	4 200 Am
40 A · 160 m	=	6 400 Am
$\Sigma\,(I \cdot l)_{AC}$	=	20 500 Am

2. Prüfung auf Erwärmung

Der gesamte Strom beträgt 215 A. Nach Belastungstafel 4, Spalte 4 (s. S. 13), darf ein Al-Querschnitt von 120 mm² mit 245 A belastet werden, der gewählte Querschnitt ist ausreichend.

3. Nachprüfen des Spannungsverlustes

Nach Gl. (16) ist:

$$\Delta U_{AC} = \frac{2 \cdot 20\,500}{35 \frac{\text{m}}{\Omega\ \text{mm}^2} \cdot 120\ \text{mm}^2} = \underline{\underline{9{,}75\ \text{V}}}$$

4. Ermittlung des Spannungsverlustes von A bis Abzweigpunkt B

Nach Gl. (16) ist:

$$\Delta U_{AB} = \frac{2 \cdot \Sigma\,(I \cdot l)_{AB}}{\varkappa \cdot q_{AB}} = \frac{2 \cdot 17\,025\ \text{Am}}{35 \frac{\text{m}}{\Omega\ \text{mm}^2} \cdot 120\ \text{mm}^2}$$

$$\Delta U_{AB} = \underline{8{,}11\ \text{V}}$$

Summe der Strommomente

30 A · 15 m	=	450 Am
20 A · 45 m	=	900 Am
165 A · 95 m	=	15 675 Am
$\Sigma\,(I \cdot l)_{AB}$	=	17 025 Am

5. Querschnittsberechnung der Abzweigleitung B—D

Der Spannungsverlust ist:

$$\Delta U_{BD} = \Delta U - \Delta U_{AB} = 9{,}68\ \text{V} - 8{,}11\ \text{V} = \underline{1{,}57\ \text{V}}$$

Der Querschnitt ist wieder nach Gl. (17):

$$q_{BD} = \frac{2 \cdot \Sigma\,(I \cdot)_{BD}}{\varkappa \cdot \Delta U_{BD}} = \frac{2 \cdot 1675\ \text{Am}}{35 \frac{\text{m}}{\Omega\ \text{mm}^2} \cdot 1{,}57\ \text{V}}$$

$$q_{BD} = \underline{61\ \text{mm}^2} \quad \text{gewählt} \quad q_{BD} = \underline{\underline{70\ \text{mm}^2\ \text{Al}}}$$

Summe der Strommomente

15 A · 20 m	=	300 Am
25 A · 55 m	=	1375 Am
$\Sigma\,(I \cdot l)_{BD}$	=	1675 Am

6. Prüfung auf Erwärmung

Der gesamte Strom in der Abzweigleitung beträgt 40 A. Nach Belastungstafel 4, Spalte 4 (s. S. 13), darf ein Al-Querschnitt von 70 mm² mit 173 A belastet werden, der gewählte Querschnitt reicht aus.

7. Nachprüfen des Spannungsverlustes der Abzweigleitung

Nach Gl. (16) ist:

$$\Delta U_{BD} = \frac{2 \cdot 1675\ \text{Am}}{35 \frac{\text{m}}{\Omega\ \text{mm}^2} \cdot 70\ \text{mm}^2} = \underline{1{,}37\ \text{V}}$$

$$\Delta U_{AD} = \Delta U_{AB} + \Delta U_{BD} = 8{,}11\text{ V} + 1{,}37\text{ V} = \underline{9{,}48\text{ V}}$$

$$p_{U_{AD}} = \frac{9{,}48\text{ V} \cdot 100}{440\text{ V}} = \underline{2{,}15\ \%}$$

Der Spannungsverlust liegt innerhalb des zulässigen Wertes von 9,68 V, entsprechend 2,2%.

b) Ringleitung

In Abb. 70 ist die in A aufgeschnittene Ringleitung wiedergegeben.

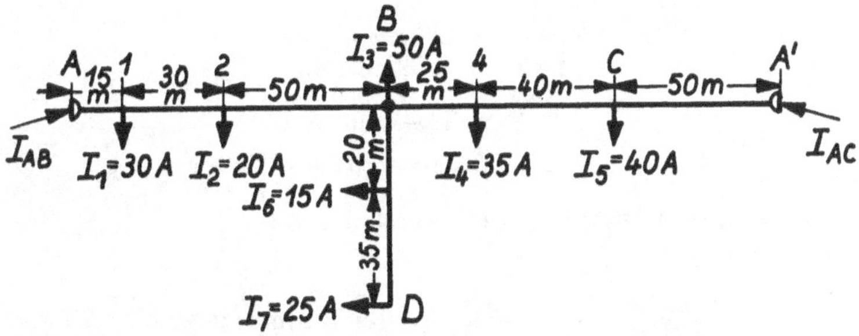

Abb. 70. Aufgeschnittene Ringleitung der Übungsaufgabe 5

1. Ermittlung des Speisestroms

Nach Gl. (20a) ist der Speisestrom von A' nach C:

$$\overleftarrow{I}_{A'C} = \frac{\overrightarrow{\Sigma (I \cdot l)_{ABC}}}{L} = \frac{2 \cdot 20\,500\text{ Am}}{210\text{ m}}$$

$$\underline{\underline{I_{A'C} = 98\text{ A}}} \qquad I_{AB} = 215\text{ A} - 98\text{ A} = \underline{\underline{117\text{ A}}}$$

Summe der Strommomente
Wie unter a) 1.
$(I \cdot l)_{ABC} = 20\,500$ Am

2. Aufsuchen des Punktes tiefster Spannung

$$I'_B = 98\text{ A} - 40\text{ A} - 35\text{ A} = \underline{23\text{ A}}$$

$$I''_B = I_B - I_B = 90\text{ A} - 23\text{ A} = \underline{67\text{ A}}$$

Der Punkt tiefster Spannung auf der Ringleitung fällt in den Abzweigpunkt B. Es muß daher der gesamte Spannungsverlust aufgeteilt werden.

3. Aufteilen des Spannungsverlustes

Nach Gl. (24) ist:

$$\Delta U_1 = \frac{\Delta U}{1 + \sqrt{\frac{\Sigma (I \cdot l)_{BD} \cdot \lambda}{\Sigma (I \cdot l)_{AB} \cdot L}}}$$

$$\Delta U_1 = \frac{9{,}68\ \mathrm{V}}{1 + \sqrt{\frac{1675\ \mathrm{Am} \cdot 55\ \mathrm{m}}{7715\ \mathrm{Am} \cdot 210\ \mathrm{m}}}} = \frac{9{,}68\ \mathrm{V}}{1 + \sqrt{\frac{9{,}213 \cdot 10^{-4}}{162 \cdot 10^{-4}}}} = \frac{9{,}68\ \mathrm{V}}{1 + \sqrt{0{,}0569}}$$

$$\Delta U_1 = \frac{9{,}68\ \mathrm{V}}{1 + 0{,}238} = \underline{\underline{7{,}83\ \mathrm{V}}}$$

Summe der Strommomente

$$30\ \mathrm{A} \cdot 15\ \mathrm{m} = 450\ \mathrm{Am}$$
$$20\ \mathrm{A} \cdot 45\ \mathrm{m} = 900\ \mathrm{Am}$$
$$67\ \mathrm{A} \cdot 95\ \mathrm{m} = 6\,365\ \mathrm{Am}$$
$$\Sigma (I \cdot l)_{AB} = 7\,715\ \mathrm{Am}$$

4. Querschnittsberechnung der Ringleitung

Nach Gl. (17) ist:

$$q_{AA} = \frac{2 \cdot \Sigma (I \cdot l)_{AB}}{\varkappa \cdot \Delta U_1} = \frac{2 \cdot 7715\ \mathrm{Am}}{35 \frac{\mathrm{m}}{\Omega\ \mathrm{mm}^2} \cdot 7{,}83\ \mathrm{V}} = \underline{56{,}3\ \mathrm{mm}^2}, \text{ gewählt: } \underline{\underline{70\ \mathrm{mm}^2\ \mathrm{Al}}}$$

5. Prüfung auf Erwärmung

Der größte Speisestrom ist $I_{AB} = 117$ A. Nach Belastungstafel 4, Spalte 4, kann ein Al-Querschnitt von 70 mm² mit 173 A belastet werden, der gewählte Querschnitt reicht aus.

6. Nachprüfen des Spannungsverlustes bis zum Abzweigpunkt B

Nach Gl. (16) ist:

$$\Delta U_{AB} = \frac{2 \cdot 7715\ \mathrm{Am}}{35 \frac{\mathrm{m}}{\Omega\ \mathrm{mm}^2} \cdot 70\ \mathrm{mm}^2} = \underline{6{,}28\ \mathrm{V}}$$

7. Querschnittsberechnung der Abzweigleitung

Der Spannungsverlust der Abzweigleitung ist:

$$\Delta U_{BD} = \Delta U - \Delta U_{AB} = 9{,}68\ \mathrm{V} - 6{,}28\ \mathrm{V} = 3{,}4\ \mathrm{V}$$

Damit ergibt sich nach Gl. (17) der Querschnitt:

$$q_{BD} = \frac{2 \cdot \Sigma (I \cdot l)_{BD}}{\varkappa \cdot \Delta U_{BD}} \ \frac{2 \cdot 1675\ \mathrm{Am}}{35 \frac{\mathrm{m}}{\Omega\ \mathrm{mm}^2} \cdot 3{,}4\ \mathrm{V}} = \underline{28\ \mathrm{mm}^2}, \text{ gewählt: } \underline{\underline{q_{BD} = 35\ \mathrm{mm}\ \mathrm{Al}}}$$

8. Prüfung auf Erwärmung

Der gesamte Strom der Abzweigleitung ist 40 A. Nach Belastungstafel 4, Spalte 4, kann ein Al-Querschnitt von 35 mm² mit 112 A belastet werden, der gewählte Querschnitt reicht aus.

9. Nachprüfen des Spannungsverlustes der Abzweigleitung

Nach Gl. (16) ist:

$$\Delta U_{BD} = \frac{2 \cdot \Sigma (I \cdot l)_{BD}}{\varkappa \cdot q_{BD}} = \frac{2 \cdot 1675 \text{ Am}}{35 \frac{\text{m}}{\Omega \text{ mm}^2} \cdot 35 \text{ mm}^2} = 2{,}73 \text{ V}$$

$$\Delta U_{AD} = \Delta U_{AB} + \Delta U_{BD} = 6{,}28 \text{ V} + 2{,}73 \text{ V} = \underline{9{,}01 \text{ V}}$$

$$p_{U_{AD}} = \frac{9{,}01 \text{ V} \cdot 100}{440 \text{ V}} = \underline{2{,}04\%}$$

Der Spannungsverlust liegt innerhalb des zulässigen Wertes.

c) Berechnung der Gewichte

1. Einseitig gespeiste Leitung

Hauptstrang A—B—C

$$G_{AC} = 2 \cdot l_{AC} \cdot q_{AC} \cdot \gamma = 2 \cdot 160 \cdot 10 \text{dm} \cdot 120 \cdot 10^{-4} \text{dm}^2 \cdot 2{,}7 \frac{\text{kg}}{\text{dm}^3} = 104 \text{kg}$$

Nebenstrang

$$G_{BD} = 2 \cdot l_{BD} \cdot q_{BD} \cdot \gamma = 2 \cdot 55 \cdot 10 \text{dm} \cdot 70 \cdot 10^{-4} \text{dm}^2 \cdot 2{,}7 \frac{\text{kg}}{\text{dm}^3} = \underline{21 \text{kg}}$$

$$G = 125 \text{kg}$$

2. Ringleitung

Hauptstang A—A

$$G_{AA} = 2 \cdot l_{AA} \cdot q_{AA} \cdot \gamma = 2 \cdot 210 \cdot 10 \text{dm} \cdot 70 \cdot 10^{-4} \text{dm}^2 \cdot 2{,}7 \frac{\text{kg}}{\text{dm}^3} = 79 \text{ kg}$$

Nebenstrang

$$G_{BD} = 2 \cdot l_{BD} \cdot q_{BD} = 2 \cdot 55 \cdot 10 \text{ dm} \cdot 35 \cdot 10^{-4} \text{dm}^2 \cdot 2{,}7 \frac{\text{kg}}{\text{dm}^3} = \underline{11 \text{ kg}}$$

$$G = 90 \text{ kg}$$

Beurteilung beider Ausführungen siehe nächste Aufgabe.

Aufgabe 6

Gegeben: Werte der Leitungsanlage Abb. 71.

Gesucht: Spannungsverluste bei Leitungsbruch in x und etwaige Leistungsminderung

Lösung:

1. Leitungsstrang A—C—x

Der Spannungsverlust ist nach Gl. (16):

$$\Delta U_{Ax} = \frac{2 \cdot \Sigma(I \cdot l)_{ACx}}{\varkappa \cdot q} = \frac{2 \cdot 5150\ \text{Am}}{35\ \frac{\text{m}}{\Omega\ \text{mm}^2} \cdot 70\ \text{mm}^2}$$

$$\Delta U_{Ax} = \underline{4{,}2\ \text{V}}\ (0{,}95\%)$$

Summe der Strommomente

$40\ \text{A} \cdot 50\ \text{m} = 2000\ \text{Am}$
$35\ \text{A} \cdot 90\ \text{m} = \underline{3150\ \text{Am}}$
$\Sigma\ (I \cdot l)_{ACx} = 5150\ \text{Am}$

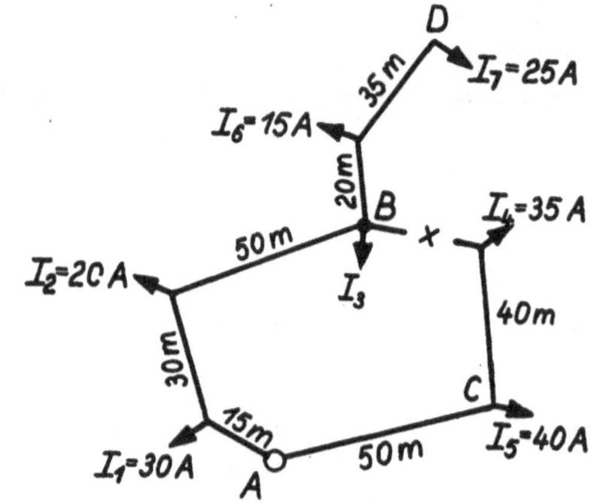

Abb. 71. Ringleitung mit Leitungsbruch

Die Abnehmer dieses Stranges können voll versorgt werden, da der Spannungsverlust innerhalb des zulässigen Wertes von 9,68 V liegt.

2. Leitungsstrang A—B—D

Der Spannungsverlust ist nach Gl. (15):

$$\Delta U_{AB} = \frac{2 \cdot \Sigma\ (I \cdot l)_{AB}}{\varkappa \cdot q} = \frac{2 \cdot 9900\ \text{Am}}{35\ \frac{\text{m}}{\Omega\ \text{mm}^2} \cdot 70\ \text{mm}^2}$$

$$\Delta U_{AB} = \underline{8{,}1\ \text{V}} \quad \Delta U_{AD} = \Delta U_{AB} + \Delta U_{BD} = 8{,}1\ \text{V} + 2{,}73\ \text{V} = \underline{\underline{10{,}83\ \text{V}}}$$

Summe der Strommomente

$30\ \text{A} \cdot 15\ \text{m} = 450\ \text{Am}$
$20\ \text{A} \cdot 45\ \text{m} = 900\ \text{Am}$
$90\ \text{A} \cdot 95\ \text{m} = \underline{8550\ \text{Am}}$
$\Sigma\ (I \cdot l)_{AB} = 9900\ \text{Am}$

Das ist eine Überschreitung des zulässigen Spannungsverlustes von

$$p_U = \frac{10{,}83\ \text{V} - 9{,}68\ \text{V}}{9{,}68\ \text{V}}\, 100 = 11{,}9\ \%$$

Der Verbrauch der Abnehmer dieses Stranges müßte um 12% gekürzt werden.

3. Beurteilung der Ausführungen der Leitungsanlage

Ein Vergleich der Gewichte zeigt, daß die Ringleitung günstiger ist. Ein weiterer Vorteil der Ringleitung ist, wie aus dem Ergebnis dieser Aufgabe zu ersehen ist, daß bei Leitungsbruch alle Abnehmer versorgt werden können, während sie bei der einseitig gespeisten Leitung von C bis x ohne Versorgung sind.

Aufgabe 7

Gegeben: Die Werte der Dreileiteranlage nach Abb. 66.

Gesucht: Der Spannungsverlust ΔU

Lösung:

Bei gleicher Belastung beider Netzhälften wird der gesamte Spannungsverlust auf jede Netzhälfte gleichmäßig verteilt. Wird die Belastung unsymmetrisch, so muß für jede Netzhälfte getrennt gerechnet werden.

$$\Delta U_1 = I_1 \cdot \frac{l}{\varkappa \cdot q_1} + (I_1 - I_2)\frac{l}{\varkappa \cdot q_{Mp}}$$

$$= 204{,}5\ \text{A} \cdot \frac{260\ \text{m}}{35\ \frac{\text{m}}{\Omega\ \text{mm}^2} \cdot 120\ \text{mm}^2} + 44{,}5\ \text{A} \cdot \frac{260\ \text{m}}{35\ \frac{\text{m}}{\Omega\ \text{mm}^2} \cdot 70\ \text{mm}^2}$$

$$= 204{,}5 \cdot 0{,}062\ \text{V} + 44{,}5 \cdot 0{,}106\ \text{V} = 12{,}68\ \text{V} + 4{,}72\ \text{V} = \underline{\underline{17{,}4\ \text{V}}}$$

$$\Delta U_2 = I_2 \cdot \frac{l}{\varkappa \cdot q_2} - (I_1 - I_2)\frac{1}{\varkappa \cdot q_{Mp}}$$

$$= 160\ \text{A}\ \frac{260\ \text{m}}{35\ \frac{\text{m}}{\Omega\ \text{mm}^2} \cdot 120\ \text{mm}^2} - 44{,}5\ \text{A} \cdot \frac{260\ \text{m}}{35\ \frac{\text{m}}{\Omega\ \text{mm}^2} \cdot 70\ \text{mm}^2}$$

$$= 160 \cdot 0{,}062\ \text{V} - 4{,}72\ \text{V} = 9{,}92\ \text{V} - 4{,}72\ \text{V} = \underline{\underline{5{,}2\ \text{V}}}$$

Aufgabe 8

Gegeben: Das Leitungsnetz der Abb. 67

Gesucht: Stromverteilung und Punkte tiefster Spannung

Lösung:

1. Querschnittsberechnung nach der Schnittmethode

Das Netz wird in den Punkten u, v und w aufgeschnitten, wie es Abb. 72a zeigt.

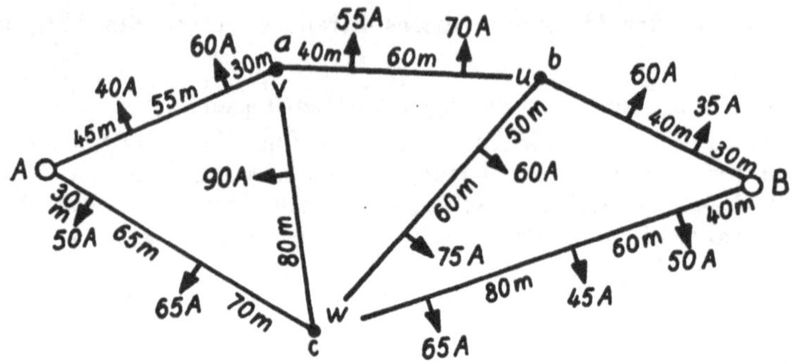

Abb. 72a. Aufgeschnittenes Leitungsnetz der Abb. 67

Nach Gl. (17) ist der Querschnitt

$$q_{Aau} = \frac{2 \cdot \Sigma (I \cdot l)_{Aau}}{\varkappa \cdot \Delta U} = \frac{2 \cdot 33\,250 \text{ Am}}{35 \frac{\text{m}}{\Omega \text{ mm}^2} \cdot 6{,}6 \text{ V}} = \underline{288 \text{ mm}^2}$$

$$q_{Acv} = \frac{2 \cdot \Sigma (I \cdot l)_{Acv}}{\varkappa \cdot \Delta U} = \frac{2 \cdot 29\,725 \text{ Am}}{35 \frac{\text{m}}{\Omega \text{ mm}^2} \cdot 6{,}6 \text{ V}} = \underline{257 \text{ mm}^2}$$

$$q_{Bbw} = \frac{2 \cdot \Sigma (I \cdot l)_{Bbw}}{\varkappa \cdot \Delta U} = \frac{2 \cdot 32\,700 \text{ Am}}{35 \frac{\text{m}}{\Omega \text{ mm}^2} \cdot 6{,}6 \text{ V}} = \underline{283 \text{ mm}^2}$$

$$q_{Bw} = \frac{2 \cdot \Sigma (I \cdot l)_{Bw}}{\varkappa \cdot \Delta U} = \frac{2 \cdot 18\,200 \text{ Am}}{35 \frac{\text{m}}{\Omega \text{ mm}^2} \cdot 6{,}6 \text{ V}} = \underline{158 \text{ mm}^2}$$

Summe der Strommomente

40 A · 45 m = 1 800 Am	35 A · 30 m = 1 050 Am
60 A · 100 m = 6 000 Am	60 A · 70 m = 4 200 Am
55 A · 170 m = 9 350 Am	60 A · 170 m = 10 200 Am
70 A · 230 m = 16 100 Am	75 A · 230 m = 17 250 Am
$\Sigma (I \cdot l)_{Aau}$ = 33 250 Am	$\Sigma (I \cdot l)_{Bbw}$ = 32 700 Am
50 A · 30 m = 1 500 Am	50 A · 40 m = 2 000 Am
65 A · 95 m = 6 175 Am	45 A · 100 m = 4 500 Am
90 A · 245 m = 22 050 Am	65 A · 180 m = 11 700 Am
$\Sigma (I \cdot l)_{Acv}$ = 29 725 Am	$\Sigma (I \cdot l)_{Bw}$ = 18 200 Am

Als mittlerer Querschnitt wird für alle Leitungsstränge ein solcher von 240 mm² gewählt, also

$$q_1 = q_2 = q_3 = q_4 = q_5 = q_6 = q_7 = \underline{\underline{240\ \text{mm}^2}}$$

2. Berechnung der Leitungswiderstände

$$R_{Aa} = \frac{2}{\varkappa \cdot q} \cdot l_{Aa} = \frac{2}{35 \frac{\text{m}}{\Omega\ \text{mm}^2} \cdot 240\ \text{mm}^2} \cdot 130\ \text{m}$$

$$= 2{,}38 \cdot 10^{-4} \cdot 130\ \text{m} = \underline{0{,}031\ \ \Omega}$$

$$R_{ab} = \frac{2 \cdot l_{ab}}{\varkappa \cdot q} = 2{,}38 \cdot 10^{-4} \cdot 130\ \text{m} = \underline{0{,}031\ \ \Omega}$$

$$R_{Bb} = \frac{2 \cdot l_{Bb}}{\varkappa \cdot q} = 2{,}38 \cdot 10^{-4} \cdot 120\ \text{m} = \underline{0{,}0286\ \Omega}$$

$$R_{Bc} = \frac{2 \cdot l_{Bc}}{\varkappa \cdot q} = 2{,}38 \cdot 10^{-4} \cdot 240\ \text{m} = \underline{0{,}0571\ \Omega}$$

$$R_{Ac} = \frac{2 \cdot l_{Ac}}{\varkappa \cdot q} = 2{,}38 \cdot 10^{-4} \cdot 165\ \text{m} = \underline{0{,}0393\ \Omega}$$

$$R_{ac} = \frac{2 \cdot l_{ac}}{\varkappa \cdot q} = 2{,}38 \cdot 10^{-4} \cdot 140\ \text{m} = \underline{0{,}0333\ \Omega}$$

$$R_{bc} = \frac{2 \cdot l_{bc}}{\varkappa \cdot q} = 2{,}38 \cdot 10^{-4} \cdot 180\ \text{m} = \underline{0{,}0428\ \Omega}$$

3. Netzumwandlung

a) Ermittlung der scheinbaren Speiseströme

Knotenpunkt *a*

Nach Gl. (20) ist:

$$I'_{Aa} = \frac{\Sigma\,(I \cdot l)_{aA}}{l_{Aa}} = \frac{5200\ \text{Am}}{130\ \text{m}} = 40\ \text{A}$$

$$I'_{a} = 100\ \text{A} - 40\ \text{A} \qquad = \quad 60{,}00\ \text{A}$$

$$I'_{ba} = \frac{\Sigma\,(I \cdot l)_{ab}}{l_{ba}} = \frac{9200\ \text{Am}}{130\ \text{m}} = 70{,}77\ \text{A}$$

$$I'_{ab} = 125\ \text{A} - 70{,}77\ \text{A} \qquad = \quad 54{,}23\ \text{A}$$

$$I'_{ac} = \frac{90\ \text{A} \cdot 80\ \text{m}}{140\ \text{m}} \qquad = \quad \underline{51{,}43\ \text{A}}$$

$$\text{Knotenpunktsstrom } I_a = \underline{\underline{165{,}66\ \text{A} \approx 165{,}7\ \text{A}}}$$

Summe der Strommomente

$$60\ \text{A} \cdot 30\ \text{m} = 1800\ \text{Am} \qquad\qquad 55\ \text{A} \cdot 40\ \text{m} = 2200\ \text{Am}$$

$$40\ \text{A} \cdot 85\ \text{m} = \underline{3400\ \text{Am}} \qquad\qquad 70\ \text{A} \cdot 100\ \text{m} = \underline{7000\ \text{Am}}$$

$$\Sigma\,(I \cdot l)_{aA} = 5200\ \text{Am} \qquad\qquad \Sigma\,(I \cdot l)_{ab} = 9200\ \text{Am}$$

Knotenpunkt b

$$I'_{ba} = 70{,}77\ \text{A}$$

$$I'_{Bb} = \frac{\Sigma\,(I \cdot l)_{bB}}{l_{Bb}} = \frac{6150\ \text{Am}}{120\ \text{m}} = 51{,}25\ \text{A}$$

$$I'_{bB} = 95\ \text{A} - 51{,}25\ \text{A} = 43{,}75\ \text{A}$$

$$I'_{cb} = \frac{\Sigma\,(I \cdot l)_{bc}}{l_{cb}} = \frac{11250\ \text{Am}}{180\ \text{m}} = 62{,}50\ \text{A}$$

$$I'_{bc} = 135\ \text{A} - 62{,}5\ \text{A} = 72{,}50\ \text{A}$$

$$\text{Knotenpunktsstrom } I_b = 187{,}02\ \text{A} \approx 187{,}0\ \text{A}$$

Summe der Strommomente

$$60\ \text{A} \cdot 50\ \text{m} = 3000\ \text{Am}$$
$$35\ \text{A} \cdot 90\ \text{m} = 3150\ \text{Am}$$
$$\Sigma\,(I \cdot l)_{bB} = 6150\ \text{Am}$$

$$60\ \text{A} \cdot 50\ \text{m} = 3\,000\ \text{Am}$$
$$75\ \text{A} \cdot 110\ \text{m} = 8\,250\ \text{Am}$$
$$\Sigma\,(I \cdot l)_{bc} = 11\,250\ \text{Am}$$

Knotenpunkt c

$$I'_{Ac} = \frac{\Sigma\,(I \cdot l)_{cA}}{l_{Ac}} = \frac{11\,300\ \text{Am}}{165} = 68{,}48\ \text{A}$$

$$I'_{cA} = 115\ \text{A} - 68{,}48\ \text{A} = 46{,}52\ \text{A}$$

$$I'_{Bc} = \frac{\Sigma\,(I \cdot l)_{cB}}{l_{Bc}} = \frac{20\,200\ \text{Am}}{240\ \text{m}} = 84{,}17\ \text{A}$$

$$I'_{cB} = 160\ \text{A} - 84{,}17\ \text{A} = 75{,}83\ \text{A}$$

$$I'_{ca} = 90\ \text{A} - 51{,}43\ \text{A} = 38{,}57\ \text{A}$$

$$I'_{cb} = 62{,}50\ \text{A}$$

$$\text{Knotenpunktsstrom } I_c = 223{,}42\ \text{A} \approx 223{,}4\ \text{A}$$

Summe der Strommomente

$$65\ \text{A} \cdot 70\ \text{m} = 4\,550\ \text{Am}$$
$$50\ \text{A} \cdot 135\ \text{m} = 6\,750\ \text{Am}$$
$$\Sigma\,(I \cdot l)_{cA} = 11\,300\ \text{Am}$$

$$65\ \text{A} \cdot 60\ \text{m} = 3\,900\ \text{Am}$$
$$45\ \text{A} \cdot 140\ \text{m} = 6\,300\ \text{Am}$$
$$50\ \text{A} \cdot 200\ \text{m} = 10\,000\ \text{Am}$$
$$\Sigma\,(I \cdot l)_{cB} = 20\,200\ \text{Am}$$

In Abb. 72b ist das Netz mit den eingetragenen Leitungswiderständen aufgezeichnet.

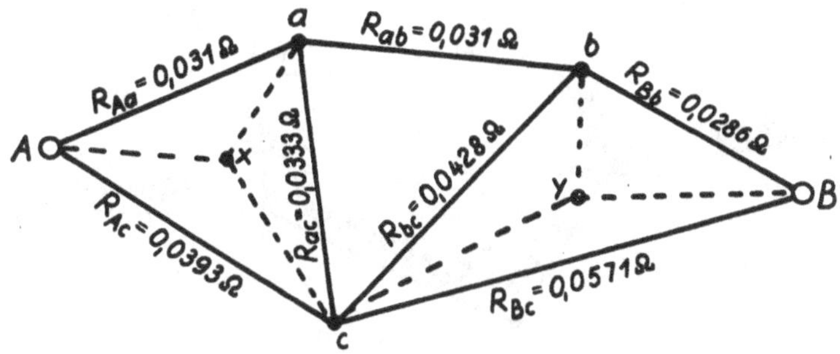

Abb. 72b. Netz mit Leitungswiderständen

b) Umwandlung Dreieck A—a—c in Stern x

Summe der Dreiecks-widerstände	Strahlenwiderstände Nach Gl. (38) sind diese:
$R_{Aa} = 0{,}0310\ \Omega$	$R_{Ax} = \frac{R_{Aa} \cdot R_{Ac}}{\Sigma R_{\triangle_x}} = \frac{0{,}031\ \Omega \cdot 0{,}0393\ \Omega}{0{,}1036\ \Omega} = 0{,}01176\ \Omega$
$R_{ac} = 0{,}0333\ \Omega$	$R_{cx} = \frac{R_{Ac} \cdot R_{ac}}{\Sigma R_{\triangle_x}} = \frac{0{,}0393\ \Omega \cdot 0{,}0333\ \Omega}{0{,}1036\ \Omega} = 0{,}01263\ \Omega$
$R_{Ac} = \underline{0{,}0393\ \Omega}$	
$\Sigma R_{\triangle_x} = 0{,}1036\ \Omega$	$R_{ax} = \frac{R_{ac} \cdot R_{Aa}}{\Sigma R_{\triangle_x}} = \frac{0{,}0333\ \Omega \cdot 0{,}031\ \Omega}{0{,}1036\ \Omega} = 0{,}00996\ \Omega$

c) Umwandlung Dreieck b—B—c in Stern y

Summe der Dreiecks-widerstände	Strahlenwiderstände Nach Gl. (42) sind diese:
$R_{bc} = 0{,}0428\ \Omega$	$R_{by} = \frac{R_{bc} \cdot R_{Bb}}{\Sigma R_{\triangle_y}} = \frac{0{,}0428\ \Omega \cdot 0{,}0286\ \Omega}{0{,}1285\ \Omega} = 0{,}00953\ \Omega$
$R_{Bb} = 0{,}0286\ \Omega$	$R_{By} = \frac{R_{Bb} \cdot R_{Bc}}{\Sigma R_{\triangle_y}} = \frac{0{,}0286\ \Omega \cdot 0{,}0571\ \Omega}{0{,}1285\ \Omega} = 0{,}01270\ \Omega$
$R_{Bc} = \underline{0{,}0571\ \Omega}$	
$\Sigma R_{\triangle_y} = 0{,}1285\ \Omega$	$R_{cy} = \frac{R_{Bc} \cdot R_{bc}}{\Sigma R_{\triangle_y}} = \frac{0{,}0571\ \Omega \cdot 0{,}0428\ \Omega}{0{,}1285\ \Omega} = 0{,}01901\ \Omega$

Abb. 72c zeigt das Netz nach der Umwandlung der beiden Dreiecke.

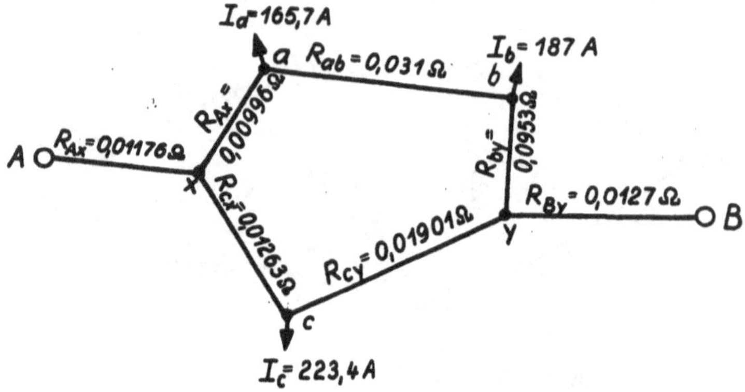

Abb. 72c. Netzumwandlung der Dreiecke

d) Berechnung der scheinbaren Speiseströme in x und y

$$R_{ax} = 0{,}00996\ \Omega \qquad R_{cy} = 0{,}01901\ \Omega$$
$$+R_{ab} = 0{,}03100\ \Omega \qquad +R_{cx} = 0{,}01263\ \Omega$$
$$+R_{by} = 0{,}00953\ \Omega \qquad R_{ycx} = 0{,}03164\ \Omega$$
$$R_{ybx} = 0{,}05049\ \Omega$$

Summe $I \cdot R$

$$187{,}0\ \text{A} \cdot 0{,}00953\ \Omega = 1{,}78\ \text{A}\,\Omega$$
$$165{,}7\ \text{A} \cdot 0{,}04053\ \Omega = 6{,}72\ \text{A}\,\Omega$$
$$\Sigma\,(I \cdot l)_{xby} = 8{,}50\ \text{A}\,\Omega$$

$$I'_x = \frac{\Sigma(I \cdot R)_{ybx}}{R_{ybx}} = \frac{8{,}5\ \text{A}\,\Omega}{0{,}05049\ \Omega} = 168{,}4\ \text{A}$$
$$I'_y = (187{,}0\ \text{A} + 165{,}7\ \text{A}) - 168{,}4\ \text{A} = 184{,}3\ \text{A}$$
$$I''_x = \frac{I_c \cdot R_{cy}}{R_{ycx}} = \frac{223{,}4\ \text{A} \cdot 0{,}01901\ \Omega}{0{,}03164\ \Omega} = 134{,}2\ \text{A}$$
$$I''_y = 223{,}4\ \text{A} - 134{,}2\ \text{A} = 89{,}2\ \text{A}$$
$$I_x = 302{,}6\ \text{A} \qquad I_y = 273{,}5\ \text{A}$$

e) Parallelschaltung der Leitungen zwischen x und y

$$R_{ybx} + R_{ycx} = 0{,}05049\ \Omega + 0{,}03164\ \Omega = 0{,}08213\ \Omega$$

Nach Gl. (32) ist der Ersatzwiderstand der Parallelschaltung:

$$R_{xy} = \frac{R_{ybx} \cdot R_{ycx}}{R_{xbx} + R_{ycx}} = \frac{0{,}05049\ \Omega \cdot 0{,}03164\ \Omega}{0{,}08213\ \Omega} = 0{,}01945\ \Omega$$

Abb. 72d zeigt die zweiseitig gespeiste Leitung A—B, in die durch die Netzumwandlung das ganze Netz zusammengefaßt ist.

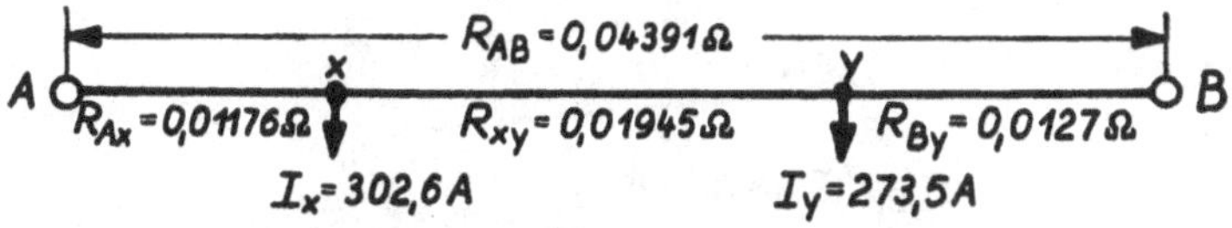

Abb. 72d. Ergebnis der Netzumwandlung: Leitung A—B

4. Rückwandlung des Netzes

a) Bestimmung der scheinbaren Speiseströme der Leitung A—B

$$I_A = \frac{\Sigma\,(I \cdot R)_{Bx}}{R_{AB}} = \frac{13{,}2\ \text{A}\,\Omega}{0{,}04391\ \Omega}$$

$$I_A = \underline{\underline{300{,}5\ \text{A}}}$$

$$I_B = (302{,}6\ \text{A} + 273{,}5\ \text{A}) - 300{,}5\ \text{A}$$

$$I_B = 576{,}1\ \text{A} - 300{,}5\ \text{A} = \underline{\underline{275{,}6\ \text{A}}}$$

Summe $I \cdot R$

$$\begin{array}{rrl} & 0{,}01945\ \Omega & \\ 273{,}5\ \text{A} \cdot & 0{,}01270\ \Omega = & 3{,}47\ \text{A}\,\Omega \\ 302{,}6\ \text{A} \cdot & 0{,}03215\ \Omega = & 9{,}73\ \text{A}\,\Omega \\ & 0{,}01176\ \Omega & 13{,}20\ \text{A}\,\Omega \\ R_{AB} = & 0{,}04391 & \end{array}$$

b) Ermittlung der Spannungen in x und y

$$\Delta U_{Ax} = I_A \cdot R_{Ax} = 300{,}5\ \text{A} \cdot 0{,}01176\ \Omega = \underline{3{,}534\ \text{V}}$$

$$\Delta U_{By} = I_B \cdot R_{By} = 275{,}6\ \text{A} \cdot 0{,}0127\ \Omega = \underline{3{,}5\ \text{V}}$$

c) Ausgleich- und Gesamtströme zwischen x und y, Abb. 72e:

$$I'_{ybx} = \frac{\Delta U_{Ax} - \Delta U_{By}}{R_{ybx}} = \frac{3{,}534\ \text{V} - 3{,}5\ \text{V}}{0{,}05049\ \Omega} = 0{,}7\ \text{A}$$

$$I_{xay} = I'_x - I'_{ybx} = 168{,}4\ \text{A} - 0{,}7\ \text{A} = \underline{167{,}7\ \text{A}}$$

$$I_{ybx} = I'_y + I'_{ybx} = 184{,}3\ \text{A} + 0{,}7\ \text{A} = \underline{185{,}0\ \text{A}}$$

$$I'_{ycx} = \frac{\Delta U_{Ax} - \Delta U_{By}}{R_{ycx}} = \frac{3{,}534\ \text{V} - 3{,}5\ \text{V}}{0{,}03164\ \Omega} = \underline{1{,}1\ \text{A}}$$

$$I_{xcy} = I''_x - I'_{ycx} = 134{,}2\ \text{A} - 1{,}1\ \text{A} = \underline{133{,}1\ \text{A}}$$

$$I_{ycx} = I''_y + I'_{ycx} = 89{,}2\ \text{A} + 1{,}1\ \text{A} = \underline{90{,}3\ \text{A}}$$

Die aufgelöste Parallelschaltung zwischen x und y mit den vorstehend berechneten Strömen zeigt Abb. 72e.

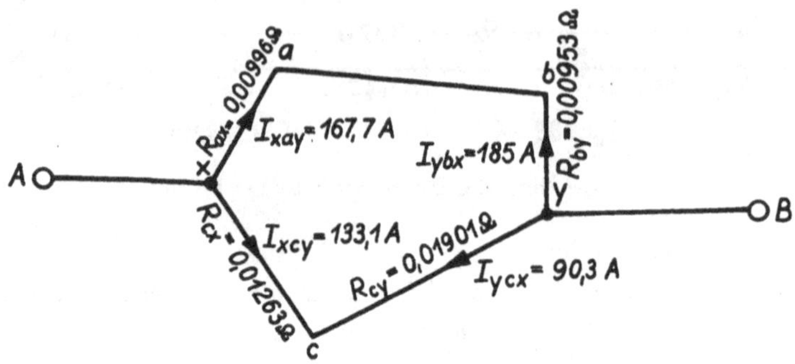

Abb. 72e. Aufgelöste Parallelschaltung mit Ausgleichströmen

d) Spannungen in a, b und c

$$\Delta U_{xa} = I_{xay} \cdot R_{ax} = 167{,}7 \text{ A} \cdot 0{,}00996\ \Omega = 1{,}670 \text{ V}$$
$$+ \Delta U_{Ax} = 3{,}534 \text{ V}$$
$$\Delta U_{Aa} = 5{,}204 \text{ V} \approx \underline{\underline{5{,}2\ \text{ V}}}$$

$$\Delta U_{yb} = I_{ybx} \cdot R_{by} = 185{,}0 \text{ A} \cdot 0{,}00953\ \Omega = 1{,}763 \text{ V}$$
$$+ \Delta U_{By} = 3{,}500 \text{ V}$$
$$\Delta U_{Bb} = 5{,}263 \text{ V} \approx \underline{\underline{5{,}26 \text{ V}}}$$

$$\Delta U_{xc} = I_{xcy} \cdot R_{cx} = 133{,}1 \text{ A} \cdot 0{,}01263\ \Omega = 1{,}681 \text{ V}$$
$$+ \Delta U_{Ax} = 3{,}534 \text{ V}$$
$$\Delta U_{Ac} = 5{,}215 \text{ V} \approx \underline{\underline{5{,}22 \text{ V}}}$$

e) Berechnung der Ausgleich- und tatsächlichen Speiseströme

$$I''_{Aa} = \frac{\Delta U_{Aa}}{R_{Aa}} = \frac{5{,}2 \text{ V}}{0{,}031\ \Omega} = 167{,}8 \text{ A}$$
$$+ I'_{Aa} = 40{,}0 \text{ A}$$
$$\text{tats. Speisestrom } I_{Aa} = \underline{\underline{207{,}8 \text{ A}}}$$

$$I''_{Bb} = \frac{\Delta U_{Bb}}{R_{Bb}} = \frac{5{,}26 \text{ V}}{0{,}0286\ \Omega} = 183{,}91 \text{ A}$$
$$+ I''_{Bb} = 51{,}25 \text{ A}$$
$$\text{tats. Speisestrom } I_{Bb} = \underline{\underline{235{,}16 \text{ A}}}$$

$$I''_{Ac} = \frac{\Delta U_{Ac}}{R_{Ac}} = \frac{5{,}22 \text{ V}}{0{,}0393\ \Omega} = 132{,}7 \text{ A}$$
$$+ I'_{Ac} = 68{,}48 \text{ A}$$
$$\text{tats. Speisestrom } I_{Ac} = \underline{\underline{201{,}18 \text{ A}}}$$

$$I''_{Bc} = \frac{\Delta U_{Bc}}{R_{Bc}} = \frac{5{,}22 \text{ V}}{0{,}0571\ \Omega} = 91{,}33 \text{ A}$$
$$+ I'_{Bc} = 84{,}17 \text{ A}$$
$$\text{tats. Speisestrom } I_{Bc} = \underline{\underline{175{,}50 \text{ A}}}$$

Stromsumme		Korrigierte Ströme
$I_{Aa} = 207{,}80\ \mathrm{A}$		$I_{Aa} = 208\ \mathrm{A}$
$+ I_{Bb} = 235{,}16\ \mathrm{A}$	Gesamte	$I_{Bb} = 235\ \mathrm{A}$
$+ I_{Bc} = 175{,}50\ \mathrm{A}$	Netzbelastung	$I_{Bc} = 176\ \mathrm{A}$
$+ I_{Ac} = \underline{201{,}18\ \mathrm{A}}$	$I_{Ges} = 820\ \mathrm{A}$	$I_{Ac} = \underline{201\ \mathrm{A}}$
$I_{Ges} = 819{,}64\ \mathrm{A}$		$I_{Ges} = 820\ \mathrm{A}$

5. Stromverteilung

Da die Stromverteilung zwischen den Knotenpunkten a, b und c durch die ihnen zufließenden vier Speiseströme nicht festliegt, müssen die Ausgleichströme zwischen ihnen ermittelt werden. Es genügt, diese Rechnung für den größten Spannungsunterschied, den zwischen a und b durchzuführen. Es ergibt sich dann ein Ausgleichstrom I''_{ab}, der von a nach b fließt:

$$I''_{ab} = \frac{\Delta U_{Bb} - \Delta U_{Aa}}{R_{ab}} = \frac{5{,}26\ \mathrm{V} - 5{,}2\ \mathrm{V}}{0{,}031} = 1{,}94\ \mathrm{A}$$

$$\begin{aligned} I'_{ba} &= 70{,}77\ \mathrm{A} \\ -I''_{ab} &= \underline{\ 1{,}94\ \mathrm{A}} \\ I_{ba} &= 68{,}83\ \mathrm{A} \approx \underline{\underline{68{,}8\ \mathrm{A}}} \end{aligned} \qquad \begin{aligned} + I'_{ab} &= \underline{54{,}23\ \mathrm{A}} \\ I_{ab} &= 56{,}17\ \mathrm{A} \approx \underline{\underline{56{,}2\ \mathrm{A}}} \end{aligned}$$

In Abb. 72f ist die sich aus den Speiseströmen und den zuvor ermittelten Ausgleichströmen ergebende Stromverteilung eingetragen. Man erhält auf den Leitungen ab, ac und bc drei Abnehmer, die von beiden Seiten gespeist werden, also drei Punkte tiefster Spannung: r, s und t.

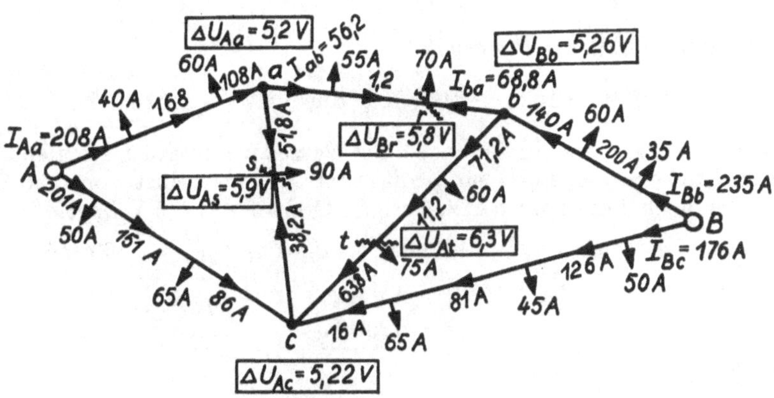

Abb. 72f. Stromverteilung des Gleichstromnetzes Aufgabe 8

6. Ermittlung der tiefsten Spannungen

$$\Delta U_{br} = \frac{2 \cdot 68{,}8 \text{ A} \cdot 30 \text{ m}}{35 \frac{\text{m}}{\Omega \text{ mm}^2} \cdot 240 \text{ mm}^2} = 0{,}491 \text{ V}$$

$$+ \Delta U_{Bb} = \underline{5{,}260 \text{ V}}$$

$$\Delta U_{Br} = 5{,}751 \text{ V} \approx \underline{\underline{5{,}8 \text{ V}}}$$

$$\Delta U_{as} = \frac{2 \cdot 51{,}8 \text{ A} \cdot 60 \text{ m}}{35 \frac{\text{m}}{\Omega \text{ mm}^2} \cdot 240 \text{ mm}^2} = 0{,}74 \text{ V}$$

$$U_{Aa} = \underline{5{,}20 \text{ V}}$$

$$U_{As} = 5{,}94 \text{ V} \approx \underline{\underline{5{,}9 \text{ V}}}$$

$$\Delta U_{ct} = \frac{2 \cdot 63{,}8 \text{ A} \cdot 70 \text{ m}}{35 \frac{\text{m}}{\Omega \text{ mm}^2} \cdot 240 \text{ mm}^2} = 1{,}063 \text{ V}$$

$$\Delta U_{Ac} = \underline{5{,}220 \text{ V}}$$

$$\Delta U_{At} = 6{,}283 \text{ V} \approx \underline{\underline{6{,}3 \text{ V}}}$$

7. Prüfung auf Erwärmung

Nach Belastungstafel 10, Spalte 6 (S. 57) kann ein Zweileiterkabel mit einem Al-Querschnitt von 240 mm² mit 455 A belastet werden. Da keiner der Speiseströme diesen Wert erreicht, ist der Querschnitt vollkommen ausreichend.

8. Ermittlung des Leitungsgewichtes

$$G = 2 \cdot 1105 \cdot 10 \text{ dm} \cdot 240 \cdot 10^{-4} \text{ dm}^2 \cdot 2{,}7 \frac{\text{kg}}{\text{dm}^3} = \underline{\underline{1430 \text{ kg}}}$$

Durch mehrmaliges Nachrechnen des Netzes wurde mit folgenden Querschnitten auf der Leitung 7 ein größter Spannungsverlust von 6,58 V erreicht, der noch innerhalb der zulässigen Grenze von 6,6 V liegt.

$$q_1 = q_3 = q_4 = q_5 = 240 \text{ mm}^2 \qquad q_2 = q_6 = q_7 = 185 \text{ mm}^2$$

Das Gewicht dieses Netzes wurde zu

$$\underline{G = 1298 \text{ kg}}$$

ermittelt.

Literatur

1. Roggendorf, A.: Schutz großer Isolatoren gegen Zerstörung durch Lichtbögen, ETZ 71 (1950), S. 35.
2. Rieger, H.: Die Freileitungstagung der VDEW in Hamburg, ETZ 75 (1954), S. 782.
3. Baatz, H.: Blitzeinschlagmessungen in Freileitungen, ETZ 72 (1951), S. 191.
4. Schwaiger, A.: Über den Schutzwert von Erdseilen, ETZ 58 (1937), S. 507.
5. Lang, A.: Ermittlung des durch das Erdseil geschaffenen Schutzraumes der Hochspannungsleitung, ETZ 70 (1949), S. 58.
6. Grünewald: Rückwärtige Mastüberschläge, ETZ 55 (1934), S. 537.
7. Timascheff, A.: Großkraftanlage Kemano-Kitimat in Kanada, ETZ 76 (1955), S. 42. — Sonderheft über Kitimat, The Engineering Journal.
8. Vieweger, H.: Aufgaben und Lösungen aus der Gleich- und Wechselstromtechnik, Verlag Springer, Berlin.
9. Buchhold, Th.: Elektrische Kraftwerke und -Netze, Verlag Springer, Berlin.

Herkunft der Abbildungen

Abb. 1	Steatit-Magnesia A. G., Stemag, Holnbrunn/Ofr.
Abb. 2, 3b, 4, 5, 6, 17, 22, 26	Rosenthal-Isolatoren-GmbH, Selb/Ofr.
Abb. 3a, 10, 16	Vinz Karl, Techn. Büro, Regensburg
Abb. 11a, 11b	Aufnahmen des Verfassers
Abb. 12	Siemens-Schuckertwerke, Erlangen
Abb. 13	Aluminium Company of Canada, Montreal
Abb. 14, 27	Beton-Schleuderwerke, Erlangen
Abb. 15, 19a, 19b	Richard Bergner, Abt. J. W. Hofmann, Schwabach/Nürnberg
Abb. 18, 21a, 21b, 24b	Kronprinz A. G., Solingen-Ohligs
Abb. 23, 24a	J. W. Hofmann, Radebeul
Abb. 25	Vereinigte Elektrizitätswerke Westfalen, Dortmund
Abb. 32, 33	Felten & Guilleaume Carlswerk, Köln-Mülheim
Abb. 34, 35	Köttgen & Cie. GmbH, Bergisch-Gladbach

Alle übrigen Zeichnungen stammen vom Verfasser

Verwendete Formelzeichen für Teil 1 und 2

$A_{11}\ A_{12}$	Potentialkoeffizienten bei Leitungen mit Erdseilen
a	Mindestabstand der Leiterseile voneinander
a_e	Abstand der Leiter von geerdeten Bauteilen
$a_{11}\ a_{12}$	Potentialkoeffizienten bei Leitungen ohne Erdseil
B	Feldliniendichte, magnetische Induktion
B_a	—, außerhalb des Leiters
B_i	—, innerhalb des Leiters
b	Luftdruck
C	Kapazität, allgemein
C_B	Betriebskapazität
C_E	Erdkapazität
C_{12}	Gegenkapazität
$D_{12}\ D_{23}$	Leiterabstände zwischen spiegelbildlicher Anordnung
$\mathfrak{D}$	Verschiebung
d	Leiterabstand allgemein
d_E	Leiterabstand von geerdeten Leitern
d_m	Mittlerer Leiterabstand
$d_s\ d_s'$	Leiterabstand vom Erdseil
$d_{12}\ d_{23}$	Leiterabstand zwischen Leitern 1, 2, 3
$d'\ d''$	Mittlerer Leiterabstand bei Verdrillung α
ΔN	Leistungsverlust
ΔU	Spannungsverlust allgemein
ΔU_{12}	— zwischen zwei Punkten 1 u. 2
ΔU_{St}	— bezogen auf Sternspannung
ΔU_e	Längsspannungsabfall
ΔU_q	Querspannungsabfall
$\Delta \dot{U}$	Komplexer Wert des Spannungsverlustes bei Wechselstrom
$\mathfrak{E}$	Feldstärke allgemein
$\mathfrak{E}_D$	Durchbruchsfeldstärke
$\mathfrak{E}_0$	Feldstärke auf der Oberfläche der Leiter
ε	abs. Dielektrizitätskonstante
ε_0	Influenzkonstante
ε_r	rel. Dielektrizitätskonstante

f	Durchhang
f	Frequenz
$f_1\ f_2$	Feldkoeffizienten
G	Gewicht der Leitungen
G	Leitwert
G_0	Knotenpunktsleitwert
G_E	Ersatzleitwert
γ	Wichte
H	Magnetische Feldstärke
H_a	— — außerhalb eines Leiters
H_i	— — innerhalb eines Leiters
h	Höhe der Leiter über der Erdoberfläche
h'	— — — bei Spannungen über 110 kV
h_m	Mittelwert der Höhen
h_s	Höhe der Erdseile über der Erdoberfläche
$h_1\ h_2$	Höhe der Leiterseile 1 und 2
I	Strom einer Leitung allgemein
I_A	Strom am Anfang einer Wechselstromleitung
$I_A\ I_B$	Speiseströme in Speisepunkten A und B
$I_A'\ I_B'$	Scheinbare Speiseströme
I_{Aus}	Ausgleichstrom
I_B	Blindstrom
I_C'	Ladestrom am Ende einer Leitung
I_C''	Ladestrom am Anfang einer Leitung
$I_{C_{Sp}}$	Spezifischer Ladestrom
I_E	Strom am Ende einer Wechselstromleitung
I_{Ges}	Gesamtstrom
I_L	Leitungsstrom
I_M	Strom im Mittelleiter
I_S	Strahlungsverluststrom
I_{st}	Scheitelwert des Blitzstromes
I_V	Verbraucherstrom
I_W	Wirkstrom
$I_a\ I_b$	Knotenpunktsströme
I_0	Knotenpunktsstrom
$I_2'\ I_2''$	Teilströme eines Verbrauchers 2
i	Augenblickswert eines Wechselstroms

$\dot{I}$ Komplexer Wert eines Wechselstroms
j Symbol der imaginären Zahl
K_1 K_2 Koeffizienten der Zustandsgleichung
k Faktor, vom Anschwingwinkel der Leiterseile abhängig
L Induktivität
L_B Betriebsinduktivität
L_1 L_2 Leiterlängen bei Zustand 1 od. 2
l Leiterlänge allgemein
l_k Länge der Isolatorenketten

μ Abs. Permeabilität
μ_0 Induktionskonstante
μ_r Relative Permeabilität

N Leistung allgemein
N_A Leistung am Anfang einer Wechselstromleitung
N_E Leistung am Ende einer Wechselstromleitung
N_S Strahlungsverlustleistung
N_{Sch} Scheinleistung
N' Strahlungsverlustleistung bei Drehstrom
ω Kreisfrequenz
p_N Prozentualer Leistungsverlust
p_v Prozentualer Spannungsverlust
Φ Magnetischer Fluß allgemein
Φ_a Magnetischer Fluß außerhalb eines Leiters
Φ_i Magnetischer Fluß innerhalb eines Leiters
φ Phasenverschiebungswinkel allgemein
φ_A — am Anfang einer Wechselstromleitung
φ_E — am Ende einer Wechselstromleitung
φ_L — des Leitungsstromes

Q Elektrizitätsmenge, Ladung
q Augenblickswert der Ladung
q Leiterquerschnitt allgemein
$q_{Aa} q_{Ba}$ Leiterquerschnitte zwischen a und A oder B
q_M Querschnitt des Mittelleiters

R Leiterwiderstand allgemein
$R_{Aa} R_{Ba}$ Leiterwiderstand zwischen a und A oder B
R_A Ausbreitungswiderstand
R_E Ersatzwiderstand bei Parallelschaltung
R_L Wirkwiderstand einer Leitung
$R_{Ü}$ Erdübergangswiderstand
R_0 Knotenpunktswiderstand
R_{12} R_{10} Leiterwiderstände zwischen 1 und 2 bzw. 1 und 0
r Radius des Leiters
r' Äquivalenter Radius bei Bündelleitern
r_S Radius des Erdseils
r_x Radius zu einem Punkte x
r_{12} Leiterlängen bei Verteilungsleitungen
ϱ Radius des Bündels

S Stromdichte

ϑ Phasenverschiebungswinkel zwischen den Spannungen am Anfang und Ende einer Wechselstromleitung
U Spannung allgemein
U_A Spannung am Anfang einer Wechselstromleitung
U_A U_B Spannungen in den Speisepunkten A und B
U_E Spannung am Ende einer Wechselstromleitung
$U_a U_b$ Spannungen in den Knotenpunkten a und b
U_0 Spannung eines Sternpunktes
U_n Nennspannung
U_{St} Sternspannung
U_{StA} Sternspannung am Anfang einer Wechselstromleitung
U_{StE} Sternspannung am Ende einer Wechselstromleitung
U_{StKr} Kritische Sternspannung
U_{st} Stehstoßspannung
U_x Spannung in einem Punkte P_x
$u_1 u_2$ Potentiale der Leiter 1 oder 2
$\dot{U}$ Komplexer Wert einer Wechselspannung
V Volumen einer Leitung

w Windungszahl

X Blindwiderstand allgemein
X_L Blindwiderstand einer Leitung
x Vielfaches der Zusatzlast

Z Scheinwiderstand allgemein
Z_L Scheinwiderstand einer Leitung
Z_{12} Scheinwiderstand einer Leitung zwischen den Punkten 1 und 2
$\dot{Z}$ Komplexer Wert eines Scheinwiderstands

Stichwortverzeichnis

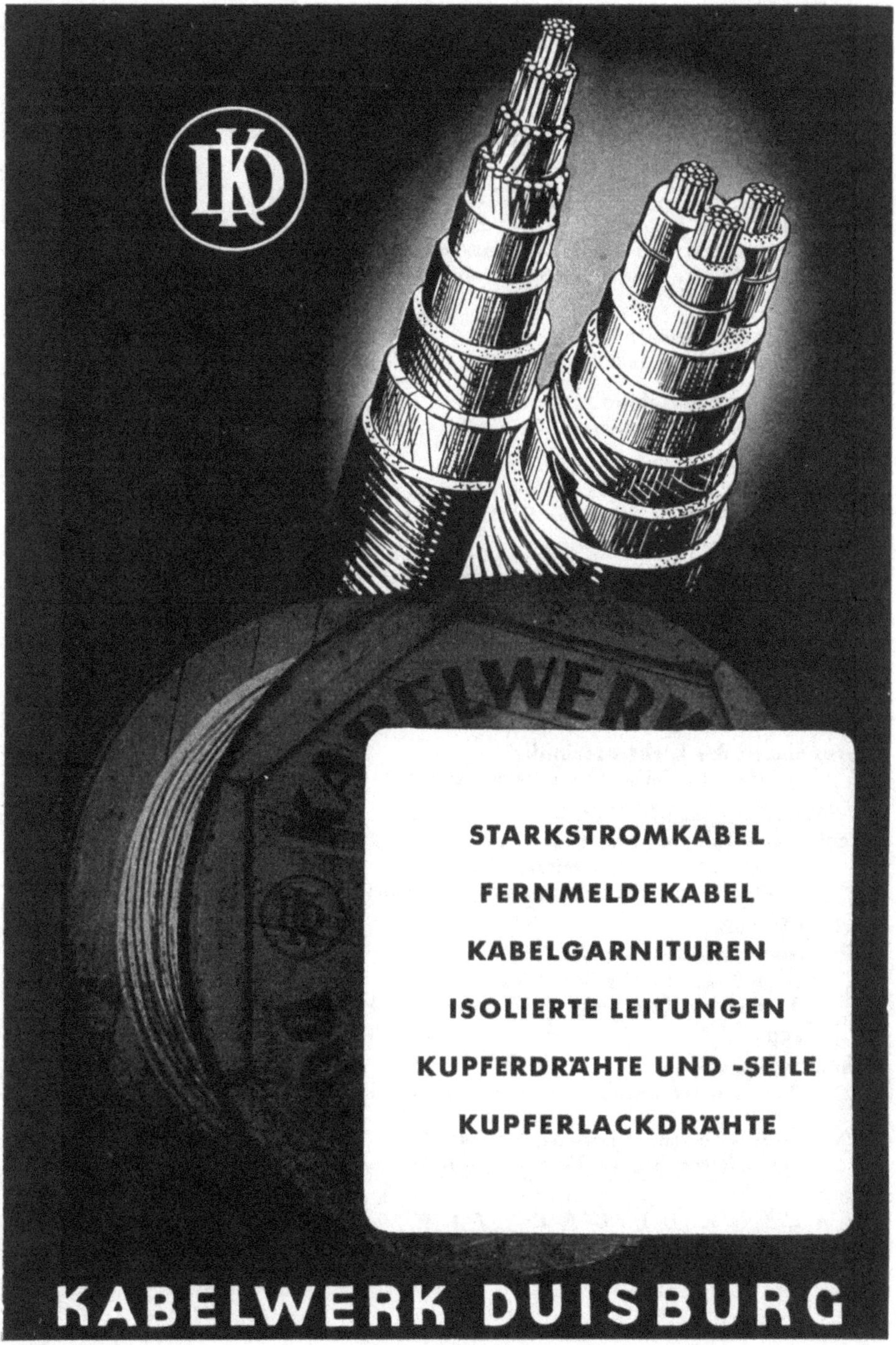
KABELWERK
STARKSTROMKABEL
FERNMELDEKABEL
KABELGARNITUREN
ISOLIERTE LEITUNGEN
KUPFERDRÄHTE UND -SEILE
KUPFERLACKDRÄHTE
KABELWERK DUISBURG

Rosenthal
RIG
K-MITTELBUND-ISOLATOREN
für WEITSPANNBAU
ROSENTHAL-ISOLATOREN-GMBH
Selb / Bayern

THEODOR KÖNIGSHOFER

Die Wicklungen elektrischer Maschinen

Allgemeinverständliche Einführung in die Wicklungen und deren Wirken in elektrischen Maschinen

Oktav. 128 Seiten mit 139 Textabbildungen. 1956. DM 12,80

Die Lichtbogen-Schweißmaschinen

Kurze Einführung in die Wirkungsweise verschiedenartiger Schweißmaschinen und deren Verhalten im Betrieb

Oktav. 54 Seiten mit 28 Textabbildungen. 1955. DM 5,20

WERNER KUSSY

Elektrische Niederspannungs-Schaltgeräte

Oktav. VII, 353 Seiten mit 342 Abbildungen. 1950. Kunstleder DM 38,—

Elektrische Antriebe von Hebezeugen und Transportanlagen

Oktav. VIII, 292 Seiten mit 186 Abbildungen. 1954. Kunstleder DM 38,—

GUSTAV MAIER

Grundlagen der Elektrotechnik

2., vollständig umgearbeitete und vermehrte Auflage. Groß-Oktav. 527 Seiten mit 397 Textabbildungen und 164 durchgerechneten Beispielen. 1950.

Ganzleinen DM 12,—

A. GÜNTHERSCHULZE und H. BETZ

Elektrolytkondensatoren

Ihre Entwicklung, wissenschaftliche Grundlage, Herstellung, Messung und Verwendung

2. verbesserte Auflage. Groß-Oktav. VII, 293 Seiten mit 142 Abbildungen. 1952.

Ganzleinen DM 36,—

TECHNISCHER VERLAG HERBERT CRAM / BERLIN W 35

JW
RIBE

Zeitfracht Medien GmbH
Ferdinand-Jühlke-Straße 7
99095 Erfurt, Deutschland
produktsicherheit@kolibri360.de